本书由北京市城市规划设计研究院资助出版

城市共创
CITY CO-CREATION

北京城市建筑双年展"未来·家园之城市共创"组委会　编

中国建筑工业出版社

编委会成员

总 策 划：石晓冬

顾　　问：邱　跃　王　引

主　　编：许　槟　周　乐

副 主 编：周雪梅　关　钰　王虹光

编写团队：邱　红　杨　春　赵　幸　高　雅　张　晨　武占河

　　　　　甘　霖　周兆前　郭　婧　袁　媛　游　鸿　梁　弘

　　　　　姚　尧　徐勤政　徐碧颖

执行团队：崔真真　乔诗佩　田　敏　王海宁　邵书伟　刘　茜

　　　　　邢曼曼　马美农　张　雪　董俊瑶　范双超　张迪一

　　　　　周志强　李　坤　郭鹤扬　张　莹

主编单位：北京市城市规划设计研究院

　　　　　北规院弘都规划建筑设计研究院有限公司

代序一
（开幕式致辞）

邱　跃
北京城市规划学会理事长

我们相聚于此，共同参加 2021 北京城市建筑双年展"城市共创"主题展览的开幕式。在此，我谨代表北京城市规划学会向承办本次展览的北京市城市规划设计研究院、北规院弘都规划建筑设计研究院有限公司、北京市规划展览馆以及 40 余家参展单位表示衷心感谢。

城市是人类生存繁衍的聚落形态，为丰富多样的生活提供应用场景。如何创造更好的城市始终是我们规划工作者孜孜求解的终极母题。我想，这次展览试着给出一个解题思路，那就是更好的城市源自每一个生命个体的共同参与和共同创造，这就是人与城市共生、共创的意义所在。

北京是举世闻名的千年古都，历经 3000 余年建城的历史磨砺和 800 余年建都的精雕细琢，凝聚了无数精英贤士的卓越才华。北京也是中华文明营城筑居的典范，"老有所终，幼有所长，矜寡孤独废疾者皆有所养"，沉淀了无数平凡生活的深邃智慧，使得北京得以兼收并蓄、迭代创新，在不断地继承与创新中实现更高质量的发展。

2017 年以来，北京城市新版总规、副中心控规、核心区控规描绘了北京城市未来的美好蓝图，先后获得党中央、国务院批复。如何将美好蓝图实现为我们身边的真实场景需要我们的认真思考与探索。为此，本次展览在城市共创的主题下，从"以人民为中心"的核心宗旨出发，以家园共建、生态共治、人文共享、未来共创四个版块进行组合展示，从不同维度、不同侧面集中表述了首都城市的独特性与唯一性，并力图彰显我们在共同协作过程中的所见所闻和所思所想，努力实现共知与共情，并进一步谋求共识与共行。

这次展览是北京双年展中首次以城市为核心主题的展览，虽时间不长、范围不大，却是一个至关重要的开始。北京城市规划学会将成立城市共创中心，聚集跨行业、各阶层的同行伙伴，搭建社会多方共建共治的公共参与平台，推动城市公共空间、公共艺术、公共服务、公共文化等领域的社会创新实践。我们将持续探索，共同谋划首都城市更加美好的未来。

邱　跃

代序二
（开幕式致辞）

石晓冬
北京市规划和自然资源委员会党组成员
北京市城市规划设计研究院党委书记、院长

今天的活动既是首届城市建筑双年展"城市共创"主题展览的开幕式，也是一个集中反映北京最高水平规划设计成果的展示会。很高兴能在建党 100 周年之际，与各位领导、各位专家和社会各界的同志们一起共襄盛举，共同品评此次参展的作品，共同思考首都规划治理的创新之道。

这次盛会能够成功举办，离不开在座每一位同志的指导支持和努力付出。在规划学会的精心组织下，一共有 50 多家单位参与了策展参展，这背后除了各级领导的关心关怀，也深刻反映了各级各部门对首都规划事业的重视。没有首都日新月异的发展，没有首都各界上下一心对规划工作的支持，就不会产生这么丰硕的规划设计成果。在此，我谨代表市规划自然资源委向这次盛会表示祝贺，也向各位同仁做出的努力和贡献表示感谢！

新时期以来，全委、全系统深入学习习近平新时代中国特色社会主义理论，立足两个一百年，从党和国家工作大局出发，聚焦首都发展、落实首都规划、推动首都治理。深入学习党的十九届五中全会精神，按照把握新发展阶段、贯彻新发展理念、构建新发展格局的要求，每一位规划师、建筑师都要加强形势分析，观察新现象、剖析新本质、提出新思路。因此，聚焦首都发展、求实求变求新，实际是今后一段时期我们努力奋斗的方向。与此对照，其实双年展就是服务于这样一种"共同创新"需求的绝佳场所，借着这个机会，我也对如何推动首都规划创新提几点展望，与大家交流。

第一，把党史学习与城市史学习结合起来。进一步深入学习习近平新时代中国特色社会主义理论，进一步深刻领会党的百年历史的重大指导意义，进一步深入理解习总书记视察北京重要讲话的丰富内涵，在改革中共同提高城市研究和设计水平。我们处在一个系统改革、深度改革的大环境下，越是"变"的时候，越要把握好"定"的要素。一是要学史明理，只有学好党史、学好首都规划史、学好首都建设史，我们才能看清现实和未来的逻辑，我们的工作才会有历史感、厚重感、积淀感，我们这些人才会有定力。二是坚持"前瞻性思考、全局性谋划、战略性布局、整体性推进"系统观念，全面研究超大城市发展的基础规律，夯实规划自然资源工作的底层逻辑。三是理论和实践高度结合，国土空间规划本质上属于应用学科，我们要甘愿当"摸象的盲人"，善于做小考题，在机动性的实战中提高能力。

第二，把城市规划和城市工作结合起来。进一步学习中央城市工作会议精神，在"规建管"大系统的视野下不断开创首都规划的生动实践。城市不只是规划出来的、建出来的，也是管出来的、用出来的。2015 年中央政治局召开的城市工作会议提出，在"建设"与"管理"两端着力，转变城市发展方式，完善城市治理体系，提高城市治理能力，解决城市病等突出问题。从这些年的城市治理实践来看，各级部门认识、尊重、顺应城市发展规律，提高城市管理水准的意识越来越强了，社会各界学习总规、应用总规解决切身问题的需求也越来越高，反过来也给我们这些从业的专家学者提出了更高要求。下一步，希望大家更多地走出门外、跨界破圈、对流交融，各位专家不光能在学术一线发表观点，也能在管理一线和建设一线操刀，成为"规建管结合的多面手"。

第三，把为人民服务的根本宗旨和规划业务的发展结合起来。进一步体现人民至上，拓展专业维度，把双年展当成提升规划工作维度的机会，把双年展打造成捆绑智库联盟和人民群众的社会组织平台，把双年展办成透视和展示首都发挥成效的品牌媒介。习总书记在今年的"七一"讲话中 84 次提到"人民"，在各地考察讲话中也屡次强调"人民至上""执政为民""人民城市""为民造福"。总书记在 2015 年《人民日报》的社论中指出，"解决好人的问题，是城市工作的价值指向"；在 2018 年上海市考察时讲到，"城市治理的'最后一公里'就在社区"。可以说，人是城市的根本，城市工作来自人民、服务于人民，城市工作的全部就是老百姓急难愁盼的"大事小情"。回到现实，我们得经常自问，居民的操心事、烦心事、揪心事是不是都解决了？我们离规划"最后一公里"还有多远？拉近规划设计和人民的距离和城市真问题的距离，是我们的共同责任、共同需求，也是举办双年展的意义所在。

第四，把人民城市建设和培养规划人才结合起来。进一步培养一批"讲政治、懂城市、有境界、肯担当"高素质专业队伍，为首都规划建设事业发展提供强大的人才支撑和组织保障。我本人从事国土和规划工作，有幸与一大批求知欲强、使命感强、责任感强的领导和同事一起工作，这些人的共同点就是知难而进，越是遇到难题越兴奋，这样的精神是首都规划自然资源工作的"传家宝"。首都规划工作是永无止境、永不停歇的，需要一批批的、一茬茬的规划师通过不同层次的工作揭示首都深层之"特"、顺应世界城市之"势"、回应社会需求之"本"，这是一个系统工程。也希望双年展能够成为一个发现人才、彰显人才、培养人才的摇篮。

总而言之，北京城市建筑双年展是反映首都规划治理大成效的大好事、大平台、大工程。希望大家紧扣"七有""五性"，纵览国情、关注市情、体察民情，聚焦事关群众身边利益的基础民生问题，发挥协调者的智慧、管理者的智慧、执行者的智慧，用更多"贴身入心"的规划设计，不断增添老百姓的获得感、幸福感。

让我们一起期待，首都发展新格局越做越大，北京城市建筑双年展越办越好！再次谢谢大家！

石晓冬

前　言

王　引
北京市城市规划设计研究院总规划师

许　槟
北规院弘都规划建筑设计研究院有限
公司总规划师

这是一个以"城市共创"为主题的"规划视窗"。在"共建、共治、共享"的理念下，从城市实践中提取家园、生态、人文、未来四个关键词，勾勒"家园共建""生态共治""人文共享""未来共创"四个版块的北京城市样貌。

这是一个以"城市共创"为主线的"实践平台"。集纳了五十余家规划单位、公益组织、科创与媒体机构提交的近百个优秀规划项目与示范案例。以近年来典型的城市实践，折射出北京规划人在首都城市规划领域内的持续努力与探究。

在 2021 年北京国际设计周"城市共创"主题展收官之际，即刻对展览内容进行文本转换，结集出版，记录此时启迪后续。旨在"以人民为中心"，在扎实的城市规划公众参与中，推动"人人都是规划师"的长远城市实践。

希望本书成为"社会传感器"。借此打开城市规划建设的更广泛而深刻的话题，提升其开放性、延展性，同时增加解决城市问题的可能性、可行性。继续放大首都城市治理的深层观察，打通城市治理的"最后一公里"。

希望本书成为"公共议事厅"。规划人不再仅仅预设城市的目标愿景和描摹静态蓝图，而是要动员种种不同的社会力量，走出惯常的"全能政府、无限责任"的城市治理方式，与公众同心而思、同向而行、同频共振。城市是我们共同家园，城市发展是有意识的共同创建。创造更美好的城市未来，不仅是规划人的天职，更离不开与城市休戚相关的市民的真诚参与。透过本书，共同检视首都规划设计作品之繁茂，感受北京城市共创氛围之浓郁。

赓续历史，把握当下，链接未来。

目　录

代序一

代序二

前　言

展览前言：学术召集人语

1　家园共建

1.1　繁荣共治的街乡图景

1.2　绿色共享的住行保障

2   生态共治

3　人文共享

4   未来共创

4.1   看科技

4.2   看世界

4.3   看社会

4.4   看未来

5   精彩集锦

展览前言：学术召集人语

周 乐
北京市城市规划设计研究院总工办主任

徐碧颖
北京市城市规划设计研究院详细规划
所主任工程师

关 钰
北规院弘都规划建筑设计研究院有限
公司技术管理中心副主任

本次展览是北京首届城市规划双年展。城市不仅仅是高楼大厦、钢筋水泥，也是所有市民的共同家园。如何创造更好的城市，是我们规划工作者每天面对的课题，解答这一课题，需要听取广大市民的心声，需要借助社会各界的参与。因此，本次展览以"共建共治共享"为指导思想，从城市实践中提取家园、生态、人文与未来四个分话题，围绕"城市共创"的主题词，形成家园共建、生态共治、人文共享和未来共创 4 个子版块，汇编超过近百个项目案例，策划有趣的互动形式。希望借助这一展览，搭建普通市民与规划工作者的对话桥梁，为"人民城市人民建"的长远探索奠定共识。

为将首都近年来的优秀规划案例与思考尽可能丰富、生动地分享给广大市民，本次展览的策划工作同样采用"共创"方式。作为首都规划的专业学术机构，北京城市规划学会担任展览主办方，北规院、弘都院、规划展览馆三家承办，形成了 21 人的策展团队和 16 人的学术团队，以近五年的北京市规划优秀项目为基底，广泛征集近年来的优秀规划建设试点实践与社会参与示范案例，邀请超过五十家规划单位、公益组织、科创与媒体机构参与本次展览。在北京，这样一个全市层面的、以规划为主题的公益策展平台尚无先例。在这样一个背景下，多家政府机构、行业团体、社会组织大力支持，规划设计单位踊跃参与，充分表现出规划工作者与市民对话与社会协作的探索热情。

城市是人类文明最伟大的发明，而城市是由人民共同建设、发展而成。本次展览汇集北京近年来规划建设与社会治理领域的优秀示范项目，展现规划工作者的思考与探索。希望大家通过本次展览，了解规划严谨又富有人情味儿的一面，进而更好地了解我们所生活的城市。

在此，感谢关心、陪伴和推动城市发展的每一位市民。我们期待着与您分享规划思考，探索规划实践，共同创造城市的美好未来。

序言讲解
徐碧颖

家园共建
HOME CO-BUILDING

眷属所住之处谓之"家",种植果木之地谓之"园。"从《礼记》的"老有所终,幼有所长,鳏寡孤独废疾者皆有所养",到陶渊明的"土地平旷、屋舍俨然,有良田、美池、桑竹之属",无不寄托着人们对理想家园的美好向往。

从维特鲁威的"理想城市"和霍华德的"田园城市",到《马丘比丘宪章》和新城市主义,一次次探究城市作为人类家园的本质。

"家园"为我们固守亲情的温暖之地,获得慰藉的力量之源,蒙受庇护的安全壁垒,更是魂牵梦萦的精神所在。

"家园共建"体现了"以人民为中心"的核心宗旨,即把高质量发展同满足人民美好生活需要紧密结合,不断增进民主福祉,创造高品质生活。不仅要加强城乡人居环境建设,提高公共服务可及性和均等化水平;更要创新社会治理机制,带动"小家"参与"大家"建设,共同营造美丽宜人、业兴人和的友好家园。

"家园共建"版块——这是一次对新老北京人故土情怀的再现,透过我们的视角,欣赏繁荣共治的街乡图景、绿色共享的住行保障,感受看不见的命脉支撑及看得见的人文关怀。

繁荣共治的街乡图景

美好家园有其属。探索以人民为中心、极具包容性且富有弹性的城市精细化治理模式：创新街道和社区治理模式，提高街区人居环境品质，打造更完整的街区生态系统，增强对住区的归属感；不断推进新型农村社区建设，打造绿色低碳田园美、生态宜居村庄美、健康舒适生活美、和谐淳朴人文美的美丽乡村和幸福家园。

1.1.1 北京市责任规划师工作制度

为了增强决策科学性，提升城市规划设计水平和精细化治理能力，2019年5月，北京市规划和自然资源委员会发布《北京市责任规划师制度实施办法（试行）》，在全市范围内施行责任规划师制度。截至当下，全市范围已有15个城区及经济技术开发区完成了责任规划师聘任并开展了具体工作，共签约三百余支责任规划师团队，覆盖了318个街道、乡镇和片区，覆盖率超过95%。

责任规划师专班发布了《北京市责任规划师工作指南（试行）》《北京市责任规划师工作考核评优办法（试行）》，为责任规划师、街道及乡镇政府、园区管委会、规划和自然资源委员会各分局提供工作方向指引。开发了包含信息窗口、知识课堂、共享数据、智能工具、动态感知和交互渠道六大功能的智慧协同平台供责任规划师使用。搭建了跨领域、多专业、理论与实践双结合的技术智库。组织策划培训23场，包括线上线下讲座、展览参观、工作坊、参与式会议等多种形式，内容涵盖城市防疫、老旧小区、儿童友好、韧性城市、无障碍出行、城市色彩、核心区控规、优化营商环境等多个主题，累计受众超5000人次。

全市范围广泛施行的共建共治共享制度平台

责任规划师年终交流会·分会场

2020责任规划师年终交流会

责任规划师信息平台

搭建1+4+N的责师制度保障体系

1 家园共建

1.1.2 "小空间·大生活"公共空间改造提升试点工程计划

使城市更具温度、人气和活力

编制单位：北京市发展和改革委员会、北京市规划和自然资源委员会、深圳市城市规划设计研究院有限公司、中央美术学院城市设计学院、诚印国际城市规划与设计（北京）有限公司等单位

2020 年，民安小区微空间改造、小关街道惠新西街 6 号至 10 号楼小区外西侧公共空间等 6 个项目入选"小空间大生活"公共空间改造提升试点工程计划。该类项目通过广泛发动群众参与需求调研、方案设计等公众全过程参与方式，探索共建共治共享的城市家园建设新模式，用巧妙设计的方法解决了居民活动空间狭小功能不足、人车空间争夺矛盾突出、无障碍和儿童友好设施不足、绿化环境品质低、文化历史传承记忆不明显等问题，实现了"城市设计更有温度、公共空间更具人气、城市建设更具活力"，有效提高了人民群众的幸福感和获得感。

石景山老山北里社区活动公共空间改造前后

海淀牡丹园北里 1 号楼南侧公共空间改造前后

1.1.3 杨梅竹 120 号文化艺术生态社区

2021 年，在建党百年之际，大栅栏投资与以清华大学美术学院为依托的薄荷公社，联合西街社区一起，以党建为引领，建立文化艺术生态社区，打造集成式、品牌化、国际化的合作体系，用党建聚合能量，用文化赋能社区公共空间，让艺术走进胡同百姓生活。未来将定期开展线下及线上社区活动、文艺活动，创建多元化的公共美育平台以及更加生动、更加场景化的居民党建基地。

党建聚合能量、文化赋能社区

编制单位：大栅栏投资、清华大学美术学院、薄荷公社、西街社区

居民党建基地

以美为媒——艺术赋能城市更新建设的红色"1+1"系列活动

居民党建基地

凤舞九天公益项目活动

1.1.4　"微空间·向阳而生"朝阳区小微公共空间再生计划

社会出资＋规划出智＋政府出力＋群众满意

2018年,中社社会工作发展基金会与北京市城市规划设计研究院共同设立"社区培育基金",旨在通过多元主体参与和协作,从宜居、人文、环境等方面推动城市有机更新与社区渐进改善。这是国内首个从城市更新领域支持社区培育的专项基金。北规院弘都规划建筑设计研究院有限公司为专项基金注入首笔公益捐款,支持基金开展美丽社区、技术革命、社培学院、社区故事等试点实践项目。

组织单位: 中社社会工作发展基金会社区培育基金、北京市城市规划设计研究院、北京市规划和自然委员会朝阳分局、北京工业大学

2019年到2020年期间,开启"微空间·向阳而生"朝阳区小微公共空间再生计划。项目采用"社会力量出资、责任规划师出智、各级政府部门出力、人民群众满意"的城市更新改造模式,为责任规划师开展居民身边的街区更新注入启动资金,推动公众参与理念与实践落地。经过两年孵化,"井点一号""玫瑰童话花园""幸福甜甜圈"等5处兼具惠民性与设计感的小微公共空间陆续亮相,得到居民和社会公众的一致好评,形成了良好的示范效果。

朝阳区小微公共空间再生计划正式启动

规划师合影

小微空间手册

小关微空间改造前后

1.1.5　"建党百年·服务百姓·营造属于您的百个公共空间" 小微城市公共空间项目

2021 年 6 月启动征集活动，面向城六区及通州区征集一批百姓身边的、具有示范效应的小微尺度城市公共空间改造提升项目。经过一系列的项目筛选、设计师招募、公众参与活动、方案孵化与比选等，100 处成熟度高、示范性强的小微公共空间项目，纳入北京城市公共空间改造提升示范工程试点项目库。

成熟度高、示范性强

组织单位：北京市发展和改革委员会、北京市规划和自然资源委员会、北京市城市管理委员会、北京城市公共空间提升研究促进中心与北规院弘都规划建筑设计研究院有限公司、中社社会工作发展基金会社区培育基金、北京城市规划学会街区治理与责任规划师工作专委会

揭幕式

朝阳区太阳粒子能量场太阳宫街头微空间项目中心活动场地改造后

朝阳区太阳粒子能量场太阳宫街头微空间项目入口景墙改造后

朝阳区太阳粒子能量场太阳宫街头微空间项目鸟瞰图

1.1.6　北京东四南历史文化街区责任规划师实践

住房和城乡建设部人居环境范例奖

编制单位： 北京市城市规划设计研究院、北京工业大学建筑与城市规划学院、朝阳门街道

北京东四南历史文化街区责任规划师实践注重城市规划的公众参与，通过开展"咱们的院子"院落公共空间提升、"美丽社区计划"、"名城青苗"等一系列项目，形成史家胡同博物馆等社区共享空间，成为北京市责任规划师制度的重要试点。东四南街区获得了住房和城乡建设部颁发的人居环境范例奖；史家胡同博物馆以"文化展示厅、社区议事厅、居民会客厅"为定位，成为居民的精神家园，并获得北京旅游网评选的公众最喜爱博物馆第一名；"美丽社区计划"项目获得中社社会工作发展基金会颁发的优秀项目奖。

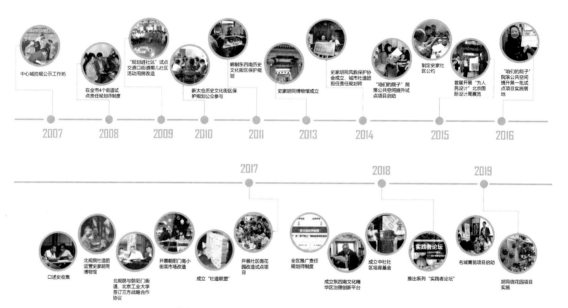

北京东四南历史文化街区责任规划师实践"大事记"

美丽院落：史家胡同 45 号院改造后

史家胡同风貌保护协会成立

城市共创
CITY CO-CREATION

1.1.7　2015—2019 年史家胡同微花园系列

这是在北京城市由增量扩张转向存量更新的背景下，风景园林师和城市规划师介入北京老城胡同社区，完善社区公共空间功能和提高居民对社区治理参与性的一种探索。

微花园是北京胡同居民自发而普遍的环境美化方式，从胡同街巷的角隅到半公共的杂院内，从数个盆栽到十余平方米不等，面积极小，数量庞大，丰富多样。它集观赏、食用等功能于一体，是居民日常生活和环境塑造的结合。该计划关注普通百姓的日常生活，通过景观方式提升他们的生活，增加居民介入社区事务的途径，促进了社区的凝聚力。它是北京老城胡同居住社区渐进式更新方式的探索，也探索了风景园林在高密度老城地区城市更新中介入的可能性。

让"美"穿梭于胡同之中

组织单位：中央美术学院建筑学院十七工作室、北京市城市规划设计研究院 、中社社会工作发展基金会社区培育基金

空中雨水花园

时光花园

桌子花园

组合花园

1.1.8 "我们的什刹海"历史文化街区的复兴与社会性可持续发展

持续四十载的保护规划与综合整治

编制单位：清华大学建筑学院

从 20 世纪 80 年代开始，随着老城保护与建设形势的发展需要，清华大学建筑学院几代师生长期持续性的参与什刹海地区的保护规划研究和实践工作，为什刹海地区保护整治和发展建设贡献力量。

1. 价值认知与旅游发展（1981—1990 年）

首先提出建立什刹海历史文化旅游区的建议，朱自煊教授支持完成什刹海历史文化旅游区总体规划，成为保护、整治规划建设的重要发展纲要和管理依据。

2. 整体保护与环境整治（1991—2000 年）

1992 年什刹海被列为历史文化保护街区，先后编制《什刹海地区控制性详细规划》《什刹海旅游发展规划》《什刹海历史文化保护区保护规划》等，建立由空间格局、传统肌理、街巷胡同、四合院风貌等多种要素构成的保护体系。

3. 保护修缮试点与公共空间营造（2001—2020 年）

编制《什刹海历史文化保护区"人文奥运"三年综合整治规划（2005—2008）》，一系列环湖建筑立面整治和公共空间系统塑造工程得到实施。近年，烟袋斜街、护国寺街、鼓楼西大街、地安门外大街、旧鼓楼大街、德内大街等地区陆续进行历史空间传统风貌的综合整治，进一步提升了环境品质和文化品位。

4. 人居改善与机制探索（2001—2020 年）

保护实践的探索从环湖地区逐步向街区内部延展，进一步将社会学研究方法引入什刹海，应用在金丝套、烟袋斜街大小石碑胡同、白米斜街乐春坊等居住片区，在对居民的居住状况、社会经济状况、居住空间环境以及对保护更新意愿充分调查的基础上，开展人口疏散及房屋修缮的政策设计，从社会 – 空间的视角继续深化对历史文化保护区保护策略与实施机制的思考。

德胜桥整治

什刹海火神庙周边公共空间整治示意图

1.1.9 以街区规划促进社会治理创新
——北京市海淀区学院路街道街区规划

清华同衡自 2018 年起作为首批试点担任学院路街道责任规划团队，在之后三年持续维护，总结出街区更新"4+1"工作法，使街区更新有法可循。搭建"学院路城事设计节"共建平台、街区更新数据平台等辅助规划实施，并协助推动二里庄斜街墙面改造、双清路街区工作站、逸成体育公园、石油共生大院、十五所背街小巷等多个实践项目。目前，已形成《学院路街道城市更新与街区治理 1+10》系列手册，成为各方了解学院路的桥梁。为更好地形成区域合力，以五道口和学院路为载体，联合相关街镇成立五道口、泛学院路街区规划与城市更新设计联盟，持续进行城市更新。

使街区更新有法可循

编制单位： 北京清华同衡规划设计研究院有限公司、北京市海淀区人民政府学院路街道办事处

街区更新"4+1"工作法模型

石油共生大院

居民评委一起出谋划策

逸成体育公园

1.1.10　"又见炊烟"项目

通过设计下乡和资源对接为村庄赋能

编制单位：九源国际（北京）
建筑顾问有限公司

琉璃庙镇是怀柔区重要的旅游节点。九源国际（北京）建筑顾问有限公司自 2020 年 4 月签约成为怀柔琉璃庙镇责任规划师以来，利用团队对属地的强黏性，通过设计下乡、资源对接、活动组织、共建共治等手段助力整个琉璃庙镇的旅游发展与乡村振兴。通过这一年多的工作推动，九源助力镇政府组织了《白河湾论坛》这一对琉璃庙镇旅游 IP 打造极具社会影响力的活动；独立组织《乡村振兴百人谈》系列活动；参与构建了"白河湾民宿助力乡村振兴联盟"，并成为首届联盟盟主；同时，实现了以琉璃庙镇八宝堂村为试点，以农民为主要参与对象的首次"参与式设计"下乡；通过一系列活动，实现为村庄赋能，为村民增收数百万元。

"又见炊烟"客房

"又见炊烟"茶室

"又见炊烟"餐厅

"又见炊烟"院落

1.1.11 北京市顺义区高丽营镇一村村庄规划 (2018 年—2035 年)

一村生态资源优渥，作为"戏曲传承村"，拥有评剧团、绘画、剪纸特色文化。2017 年底启动编制工作，通过驻村编制规划、多规合一编制规划、实施指导等方法，促进村庄按照规划蓝图有序发展。

适应政府管理体系和美丽乡村建设多主体的特点需要，综合各项要素，建立基础资料数据库；融入村民、深入村庄，充分了解村民诉求；丰富规划内涵，从空间布局、产业发展、文化保护和传承、社会治理等多维度进行规划，实现多规合一。使之成为区、乡镇政府、村集体的共同目标和行动纲领。

构建新的规划实施体制，贯彻在规划中建设，在建设中规划，通过村民、规划师和工匠等多方合力，从分门别类、因地制宜、分近远期三个方面来实施建设，体现一村一品。强调软性治理，将过去村民的"要我发展"转化为"我要发展"，制定村规民约，让村民自主参与建设和维护，为美丽乡村建设带来永续的动力和希望，共同实现平原之上的水畔一村。

在规划中建设、在建设中规划

编制单位： 北京汉通建筑规划设计有限公司

村庄规划总平面图

从产业联动高效农业种植到智慧加工生产

1 家园共建

1.1.12　北京市门头沟村妙峰山镇炭厂村村庄规划

住房和城乡建设部全国村庄规范示范样本

编制单位：北京北工大规划设计院有限公司、北京工业大学建筑与城市规划学院

炭厂村村庄规划于 2016 年启动编制，相较传统村庄规划，从整体思路上着眼于建立长效机制，强调产业经济、空间风貌品质与社会协作的相互融合；编制环节中积极探索农村地区公共空间的管控方法，分层分类界定了"控制"与"引导"的具体内容及相应措施；在公众参与环节强调了参与主体从被动"参与"转向开放、自由、平等地"互动"，充分发挥村集体的协同作用；并在实施环节秉持长期跟进维护的工作方式，积极对接规划实施与完善的各阶段工作。规划团队依托高校背景，与炭厂村共建了"村镇规划教学平台"和"党建实践基地"，通过产学研的协同配合，保障了炭厂村规划编制后的顺利实施与动态调整，最终形成产业、空间和社会治理三位一体的村庄规划方案。在村集体、乡镇政府与规划团队等多方共同努力下，炭厂村于 2017 年 2 月被评选为住房和城乡建设部全国村庄规范示范样本，2018 年被选为门头沟区首批美丽乡村建设试点。

河道规划前状况

河道规划设计意向

规划实施后效果

村卫生室改造前状况

规划实施后效果

1 家园共建

绿色共享的住行保障

万家灯火有其居。完善住房供应体系，合理布局居住用地，建设就近工作、居住、生活的活力社区；有序推进各类棚户区改造，开展老旧小区综合整治和有机更新；补充社区公共服务短板，改善居住环境，真正实现住有所居。

纵横阡陌有其行。完善城市交通网络，改善城市交通微循环，加强交通需求调控，优化交通出行结构，加快轨道微中心、机动车停车、步行和自行车友好的街道建设。推进一批民生工程、打造一组亮点项目、转化一套管理政策，有效缓解城市交通拥堵，提升出行品质。

1.2.1 朝阳三里屯、双井、劲松有机更新项目

愿景集团以劲松北社区项目为起点，覆盖劲松街道、双井街道、潘家园街道以及三里屯街道，逐步实现朝阳中心片区全面更新，推广并迭代"劲松模式"。

愿景集团创新采用"区级统筹，街巷主导，社区协调，居民议事，企业运作"的"五方联动"机制实现多元合力凝聚，在劲松北社区项目中率先探索社会资本投入促进老旧小区更新市场化和可持续发展，打造"微利可持续"的市场化改造模式。运用"先尝后买"方式落地老旧小区专业化物业服务，形成长效运营机制。为老旧小区改造提供了可推广复制的方法。

愿景集团在双井有机小区项目中通过党建引领，打造"政府平台＋央企＋社会资本"的全新合作模式，实现以空间换服务化解资金平衡难题；通过物业接管与方案设计同时介入"双管齐下"高效推进实施；采用"政府、责任规划师、居民、企业"多方参与，形成居民自治意识。坚持长效运营，实现社区可持续发展。探索出央企家属楼改造行之有效的"双井实践"。

"五方联动"凝聚多方合力

编制单位： 愿景明德（北京）控股集团有限公司、九源（北京）国际建筑顾问有限公司

朝阳区有机更新项目区位图

双井有机小区大门改造后

劲松示范区闲置社区用房改造成社区公共活动空间后

双井有机小区公共区域改造后

1 家园共建

1.2.2　石景山五芳园、七星园、六合园有机更新项目

**一体化招投标实现
"改管一体"**

编制单位： 愿景明德（北京）
控股集团有限公司、九源（北
京）国际建筑顾问有限公司

愿景集团参与石景山鲁谷社区老旧小区改造，在全国首次探索"投资＋设计＋改造＋运营服务"一体化招投标（EPC+BOT），有效实现"改管一体"，明晰社会资本参与老旧小区改造的法治化路径。通过统筹社区全要素硬件改造，利用社区唯一的公共空间建设包含立体停车、社区食堂、便民设施及屋顶花园的综合服务体，实现小区的全方位服务。通过明确产权单位管理边界，探索多产权单位老旧小区统一物业管理服务模式；培育居民付费意识，推进建立老旧小区物业服务长效机制。

石景山鲁谷社区有机更新项目区位图

石景山鲁谷社区改造前全貌图

石景山鲁谷社区自行车棚改造后

石景山鲁谷社区公共区域改造后

1.2.3　光华里 5 号、6 号楼危旧楼改建项目

作为北京市第一个危旧楼房改建试点项目，始建于 20 世纪 50 年代，成套住宅 36 套，共计 58 户，为三层三单元砖混结构住宅，存在居民合居问题，并被鉴定为危房。2019 年 8 月，5 号楼发生木质楼板脱落。首开集团作为非经资产接收单位第一时间参与，会同各方商讨综合整治方案，最终于 2019 年 12 月确定原拆重建的处置方案。2021 年 3 月 17 日，正式开工建设。

这不仅意味着两栋旧楼迎来彻底的重生，其拆除重建、合居变独居及建筑模式、制度措施、工作机制的创新等，也是北京危旧楼综合整治史上的新突破。通过光华里 5 号、6 号楼的试点改建，拥有产权方和实施主体"双重身份"的首开集团，不仅改善了居民居住环境，提升城市发展质量，也为北京以危旧楼房改建的方式进行城市有机更新趟出一条新路，形成可借鉴的标准与范本。

设计方案运用了模块化的设计理念，采用搭积木的手法，既考虑解决居民合居问题，同时不增加户数、不对周围建筑有过多影响，在满足现行建筑设计规范的情况下，以为非成套住宅增加独立厨房、卫生间的方式，适当增加建筑套内使用面积。同时，外立面效果参考传统中式建筑的红墙灰瓦。

全市首个危旧楼房改建试点项目

编制单位：北京首都开发控股（集团）有限公司、北京伯尔明建筑工程设计有限公司

光华里 5 号、6 号楼项目效果图

改造前实景照 1

改造前实景照 2

室内效果图 1

室内效果图 2

1.2.4　皇城景山街区申请式退租一期项目

全市首个市属国企参与的申请式退租项目

编制单位：北京首都开发控股（集团）有限公司

皇城景山街区项目位于景山公园东侧，用地面积约 1.86hm²。本项目是全市首个市属国企参与的、东城区首个社会资本参与的申请式退租项目。项目一期位于三眼井胡同南北两侧，涉及 54 个院落。2021 年 6 月 5 日签约期正式结束，退租签约率达 62.3%，其中直管公房签约率达 88.29%。腾退居民的两处对接安置房房源交通便利，生活配套设施齐全，为居民实现"安居梦"创造了良好的生活条件。

首开集团积极践行社会责任，通过企业自筹资金的方式，积极参与老城街区更新保护工作，总结形成"2311"的工作模式，即强化 2 个工作组织作用，践行 3 个百分百工作标准，形成 1 套投资运营模式，落实 1 个街区统筹规划，不断探索可持续的城市有机更新路径，力争将皇城景山街区打造成示范项目。

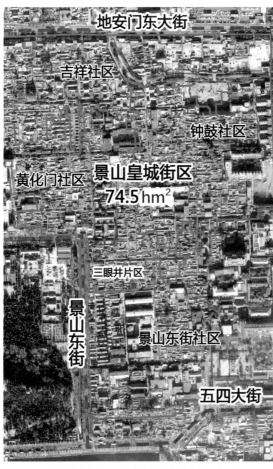

2021 年皇城景山街区平房直管公房申请式退租项目范围

皇城景山街区街景 1

皇城景山街区街景 2

1.2.5　老城的共生与再生——传统平房区院落改造

追求老城历史的再现和对城市生活的人本关怀，编制团队结合政策资金走向，确定了两个基础方向：

专注皇城风貌基底维护，与行业伙伴共同编制《老城房屋修缮技术导则》（2019 版），并在东城区直管公房管理单位京诚集团邀请下，作为联合体顾问咨询单位对 2020 年度东城区平房大修项目做技术指导顾问。项目 2020 年 6 月 5 日启动实施，开工总间数 367 间，总户数 239 户，总面积 4945.45m²。

兼顾拓展院落共生利用，选取中轴线西侧，紧邻钟楼、鼓楼多个院落，摸索多种共生模式，引导社会资本进入。积极探索与实践"共生院"模式，充分关注老胡同人与新产业者的和谐相处，实现长治久安。一院一策自下而上，拉动中轴街区活力。腾退后的空房优先植入公共服务和文化交往功能，在胡同中以点带面形成现代文化设施与文化空间的辐射。最大限度满足区域居民合理的多样化、个性化需求。

皇城风貌基底维护 +
拓展院落共生利用

编制单位：北京市住宅建筑设计研究院有限公司

鸟瞰图

院内效果图

沿街效果图

实景照片

1.2.6　朝阳区燕保·百湾家园公租房项目

装配式住宅营造大都市里的山水概念

编制单位： 北京市保障性住房建设投资中心

燕保·百湾家园公租房项目位于北京市朝阳区东四环和东五环之间，占地 8.44hm²，总建筑面积 45.72 万 m²。项目东至小海子西路，南至燕保百安家园，西至广化大街，北至荣安街，距北京 CBD 核心区直线 5km，紧邻地铁 7 号线化工站。项目由北京市保障性住房建设投资中心建设并持有运营。

本项目于 2019 年 12 月竣工，2020 年 1 月交付使用。项目全部为公租房，总计 4000 套，共有 7 种户型，户型面积在 40~65m²。截至 2021 年 7 月，累计办理签约入住家庭近 2480 户，入住率为 62%，租金标准为 70 元 / 平方米·月，为市场同地段租金 7 折水平。

本项目由国际著名建筑大师马岩松先生设计，以飘浮的"山水城市"为设计理念，通过建筑高低错落的变化造型和师从自然的景观环境，营造出大都市里的山水概念。项目三层以上主体结构全部采用装配式，预制率超 40%，室内采用装配式精装，租户可拎包入住。

朝阳区燕保·百湾家园公租房项目鸟瞰图

人视效果图

1.2.7 顺义区高丽营镇张喜庄村集体土地租赁住房项目

顺义区高丽营镇张喜庄村集体土地租赁住房项目位于北六环张喜庄桥北侧，紧邻高铁顺义西站及中关村顺义园，占地面积 5.47hm²，总建筑面积 13.13 万 m²。项目东、南至现状工业大院，西至火寺路，北至上寺美术馆。建设单位为首创新城镇建设投资有限公司。

本项目采用组团式围合布局，户型南北通透，以两居精装低密度多层住宅为主，得房率达80% 以上。项目内西北方设置配套商业组团，兼具开放性与安全性，构建出区域活力中心。

本项目不仅具有社区食堂、咖啡厅、健身房、图书馆、配套商业、幼儿园等生活所需配套设施，还提供了多元化共享空间，构建出人与人交往的纽带。

组团式围合布局构建多元共享空间

编制单位：首创新城镇建设投资有限公司

鸟瞰效果图

住宅人视图

商业人视图 1

商业人视图 2

1.2.8　丰台区成寿寺村集体租赁住房项目

村集体与地产公司联营

编制单位：北京金城源投资管理公司

丰台区成寿寺村集体租赁住房项目位于丰台区方庄桥西南，占地面积 1.03hm²，总建筑面积 4.75 万 m²。项目东至方庄南路，南至北京安富经济发展总公司，西至世纪星小区，北至南三环东路。建设单位为北京金城源投资管理公司。

本项目于 2020 年 11 月底全部投入运营，现处于满租状态。项目建设前，此地块的年收入不足百万。村集体为争取利益最大化，以项目经营权入股与万科公司成立合资公司，并签订了期限为 45 年的合作协议。万科公司支付给村集体的经营权转让金全部作为建设成本投入，并获得项目 45 年经营权及部分收益权，村集体获得固定收益加超额收益分成。

内饰图 1

内饰图 2

内饰图 3

内饰图 4

1.2.9　朝阳区龙湖冠寓亚运村关庄项目

龙湖冠寓亚运村关庄项目位于朝阳区大屯乡关庄路 11 号，占地面积约 0.74hm²，总建筑面积约 9448m²。项目东至鼎成时代广场，西至关庄路 6 号院，南至小营北路，北至关庄路。建设单位为龙湖集团旗下北京兴冠寓商业运营管理有限公司。

本项目经整体改造后，院内既有建筑更新为长租公寓和联合办公场所。其中公寓户型为 25m² 的阳光开间，公共区域为占地约 1400m² 的室外庭院（设置室外蹦床、攀岩、篮球场、跑道）、共享健身房、共享厨房及餐厅等，用以满足年轻人生活需求。园区内居住人员既可在下班后跑步健身，又可在节假日组织朋友们轰趴聚会。

本项目于 2019 年先后获得精锐人居长租公寓全装修优秀奖和第四届 REARD 全球地产设计大奖。

长租公寓 + 联合办公的多元共享空间

编制单位：北京兴冠寓商业运营管理有限公司

鸟瞰效果图

室外园区全景图

外立面图 1

外立面图 2

1.2.10　真武庙项目

城市共创
CITY CO-CREATION

"租赁置换"老旧社区有机更新模式

编制单位：九源（北京）国际
建筑顾问有限公司

真武庙项目位于西城区月坛街道，紧邻金融街商务区、西单商圈和多个中央部委办公区。区位优势明显，教育、医疗、文化资源丰富。楼栋建成于 1981 年，建筑面积 3135m²，共有居民 56 户，产权单位为中央企业矿冶科技集团有限公司。该项目处于央企和辖区管理的交叉地带，存在着楼体老旧破败、设施老化，私搭乱建等安全隐患较多，居民满意度低等突出问题。针对项目所在区域特点和社区情况，在坚持"微利可持续"的前提下，愿景集团积极探索社会资本投资为主、政府和产权单位适当支持的"租赁置换"老旧小区有机更新模式，对室内外环境进行了综合提升。从疏解非首都核心功能、提倡租购并举和职住平衡等方面打造符合首都核心功能定位的和谐宜居美丽社区，解决老旧小区居住状况和人口结构与新总规片区定位不匹配的问题。

室内效果图 1

室内效果图 2

室内效果图 3

楼前停车场

1.2.11　小关街道老旧小区综合整治项目

本项目位于朝阳区小关街道，共包括小关北里小区、市政南小区、住总小区。改造总建筑面积 71776.5m²，共 14 栋多层居民住宅楼及公共区域。其中，对小关北里小区进行节能综合改造，对市政南和住总小区进行外扩式抗震加固综合改造。

结合本次改造，整体提升小区品质，改善楼体、设备设施老旧的情况，改善公共活动场地，补充宜老宜小设施，增加智慧小微设施等。注重人性化设计、精细化设计，营造舒适宜人的和谐社区。同时在小区公共空间改造中考虑未来社区公众参与活动的场地和可能性，设置共享空间，为持续开展公共活动提供良好的基础。

人性化和精细化营造舒适宜人的和谐社区

编制单位：北京市建筑设计研究院有限公司

整体鸟瞰图

改造后效果示意图

局部效果示意图

内部景观效果示意图

1.2.12　高梁桥斜街乙 40 号院综合改造项目

统筹规划设计 + 高品质施工 + 长效运维管理的更新闭环

编制单位：北京市建筑设计研究院有限公司

本项目位于海淀区北下关街道，总建筑面积 37788.8m²，共有住宅楼 7 栋，居民 500 户。其中 1~5 号楼为多层住宅，6~7 号楼为高层住宅。

经前期调研、居民座谈等工作，本小区拟计划进行节能综合改造。通过对园区的重新梳理和规划，提升了停车位及公共活动场地面积；梳理园区市政条件，改善小区雨水排水不畅、积水点多、严重影响居民出行的问题；在总图上增设生活必需的小微设施，如充电桩、充电柜、快递柜、运动器材等，注重人性化和精细化设计，关注老人、小孩的生活需求。

结合居民需求和小区老旧程度严重的问题，本次改造对小区内既有自行车棚和低效配套设施进行了空间资源整合和功能重构，在保留既有功能的同时，增补了部分新功能，如居民晾晒区、流动送餐点、居民活动室、居民室外议事厅等，为社区的公共参与提供了更多的空间和可能性。

希望通过统筹规划、一次设计、高品质施工和长效运维管理形成完整的更新闭环，有效改善和提升小区的生活环境、生活品质，提升居民的幸福感、获得感。

改造后效果示意图 1

改造后效果示意图 2

改造后效果示意图 3

整体鸟瞰图

1.2.13　垂杨柳老旧小区改造项目

本项目位于北京市朝阳区双井街道垂杨柳西里社区。涉及的楼体为广和东里一栋楼，垂杨柳西里十栋楼，共计建筑面积 2.77 万 m²，占地 4.3hm²。小区均建设于 20 世纪 60、70 年代前后，经结构检测楼体抗震性能不足，楼内管道年久失修，严重锈蚀，居民反应强烈。

针对居民调研后梳理出的核心问题及本项目的特殊性制定了：保民生（户型成套化改造），提质量（优化内部场地改造，梳理交通流线），补短板（优化公服配套）的三大核心策略。针对过半数合居户居民的生活痛点问题（居住空间狭小、厨卫空间必须共用），我们通过外套式加固后的外扩空间为居民提供了可作为居室空间扩充、卫生间或厨房的三种功能，并为其未来生活提供了装修推荐方案。公共空间的主旨在于社区活力的激活与复兴，将原有闲置或低效空间进行主题性的场地功能植入，从而适应全龄人群的室外活动需求。

保民生 + 提质量 + 补短板激发社区活力

编制单位：北京市住宅建筑设计研究院有限公司

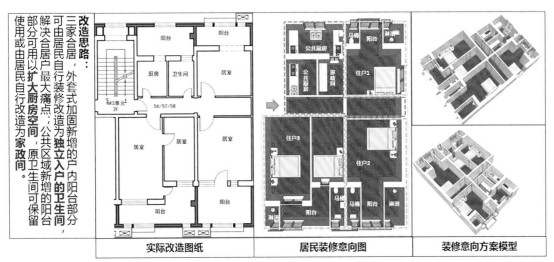

实际改造图纸　　　　居民装修意向图　　　　装修意向方案模型

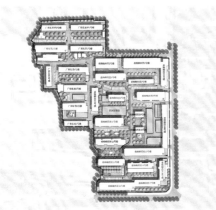

项目总平面图

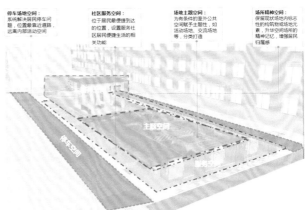

公共空间改造示意图

改造后效果示意图 1

改造后效果示意图 2

改造后效果示意图 3

改造后效果示意图 4

改造后效果示意图 5

1.2.14　北京市综合交通体系规划

项目落实习总书记视察北京重要精神，以跨区域、跨行业的关系统筹，近期缓解交通拥堵，远期形成一张规划蓝图为目标，实现了多方面的规划协调和统筹。（1）跳出北京看北京，着眼于整个城市群空间布局和结构，统筹规划和建设交通网络系统。（2）在北京地区统筹多重关系，实现综合交通与国家战略要求对接落实、与城市总体规划协同互动、与交通行业发展条块管理的"三个统筹"。（3）在城市发展转型期与城市总体规划融合发展，实现交通服务保障能力与城市战略定位相适应、交通发展方式与人口资源环境相协调、交通体系格局与城市布局相一致的"三个协调"。（4）近远期结合标本兼治交通拥堵，近期加强交通精细化治理，远期形成一张蓝图干到底。

近远期结合标本兼治交通拥堵

编制单位： 北京市城市规划设计研究院、中国城市规划设计研究院、北京交通发展研究院、北京工业大学

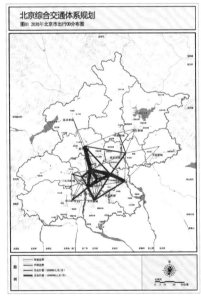

2035 年北京市出行 OD 分布图

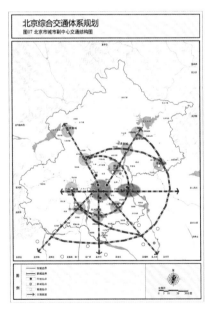

通州副中心及市域城市结构图

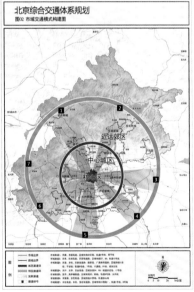

北京交通模式构建示意图

1　家园共建

1.2.15　北京市停车专项规划

市优

多元多层级协同的停车规划和治理实践

停车是一个复杂社会问题，科学的停车规划既是基础设施供给侧结构性改革的内容，也是推动综合交通提质增效的抓手。为推动停车健康可持续发展，开展了北京市停车专项规划编制工作，旨在构建多层次协同的城市停车规划体系，通过法治、精治、共治的停车治理实践，保障停车规划战略和方法在各个规划层次、建设与管理阶段贯穿始终。

编制单位：北京市城市规划设计研究院

北京市停车专项规划由区到市自下而上做方案，由市到区统筹优化落指标，从停车发展战略与目标、供给规模和布局、标准体系和政策管控等方面展开研究，明确了停车规划方向和治理路径。项目创新规划编制体系，构建了多层级协同的停车规划体系；注重规划实施政策，配套出台了多项公共政策文件；细化了空间实施层次，制定了"市—区—街道"三级停车规划；革新了治理模式，开展了"政府—企业—公众"多元治理模式实践。

北京南站立体停车场

南锣鼓巷地区公共停车场

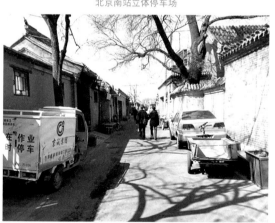

雨儿胡同停车治理前

韶九胡同停车治理后

CITY CO-CREATION

1.2.16　北京轨道微中心规划设计导则

轨道交通微中心是轨道交通与城市一体化工作近期可实施的工作重点，是坚持以人民为中心，以落实北京新总规为统领，促进轨道交通场站与周边用地规划建设有机融合，实现交通与空间资源科学配置的有效途径。为以项目化推进为抓手，探索一体化工作落地路径及政策集成，根据轨道车站所在区位、交通功能等级、车站周边资源用地等情况综合分析车站的一体化价值，选择其中具有较高价值的车站作为轨道微中心站点，在空间格局、建设强度、服务覆盖、城市功能、空间品质、实施保障方面明确了具体管控要素与定量引导指标。依托轨道交通近期实施条件，划定了全市第一批轨道交通微中心，并开展试点工作。

促进地铁与周边用地
有机融合

编制单位：北京市城市规划设计研究院、北规院弘都规划建筑设计研究院有限公司

新宫轨道微中心效果图

新宫轨道微中心鸟瞰效果图

1　家园共建

1.2.17 机场线西延北新桥站设计优化及综合利用规划

"省"出稀缺绿地，提升城市品质

编制单位：北京市城市规划设计研究院、华通设计顾问工程有限公司、北京市市政工程设计研究总院有限公司

地铁建设对于旧城而言，不是负担，而是机遇，是带动社区设施完善、空间品质提升、旧城风貌保护的重要契机。通过规划、城市设计、建筑设计等手段对车站外部用地、景观环境、内部功能、流线进行了全面优化，极大地改善了北新桥地铁车站的便利性和舒适度。结合城市功能需求，增设活动广场、社区服务中心、邮局、旅游服务中心等公共服务设施；同时，北新桥站为老城居民"省"出了一块稀缺的绿色空间，提升了城市空间品质。站点的一体化设计成为站与城的粘结剂，加强了地铁与周边城市用地和功能的融合。

本次工作分析工程设计方案存在的土地、交通、城市环境等问题，结合站点周边区域功能和地区公共设施需求等，对车站方案提出优化建议。

车站剖切透视图

车站西北象限地面环境一体化鸟瞰图

车站服务设施雍和宫大街街道人视图

优化方案——整体鸟瞰图

1.2.18 北京市五道口站及周边区域一体化城市设计

本次城市设计是轨道交通引领城市更新典型项目，项目力求以轨道站点与城市中心一体化开发理念为引导，对接北京国际交往中心定位。一方面优化空间结构，科学疏解高峰时段五道口地区人员流动压力；另一方面复合化空间功能和文化属性，满足高知、多元的城市功能需求，解决聚集效应带来的城市空间需要。

项目设计目标是将五道口站及周边地区打造为北京的国际青年交往的知识创意中心、国际青年交往的文化交流中心、国际青年交往的科技创新中心。使五道口地区成为国际青年拥抱世界、融入世界、影响世界的北京舞台。

轨道交通引领城市更新

编制单位：北京城建设计发展集团股份有限公司

五道口站及周边区域效果图1

五道口站及周边区域效果图2

五道口站及周边区域效果图 3

1.2.19 北京市轨道交通车站便民服务设施规划设计指南

构建通勤－生活一站式服务体系

编制单位：北京城建设计发展集团股份有限公司

设计指南的编制遵循三大原则：

一是大量调研、公众参与。在大量分析国内外相关案例文献的基础上，共调研无锡、上海、南京、北京 4 城 27 条线路 57 个车站的地铁便民服务设施，并发放 1031 份调研问卷，系统梳理现状问题。

二是一体化融合更新提质。轨道交通的发展已向注重质量效益的一体化融合转变，目前北京市轨道交通站点便民服务设施设置存在一定问题，部分站点有需求但并未配置便民设施，服务品质有待提升。本设计指南，既为乘客提供更加便利的服务，也为既有线站点一体化、新建线及规划线一体化设计提供支撑。

三是方便群众满足需求。为方便乘客，增强人民群众幸福获得感，利用轨道交通建设及改造契机在车站周边或站内（非乘坐、疏散功能区域）设置便利店等便民服务设施，建立通勤—生活一站式服务体系。

轨道交通车站公共区分类及负面清单示意图

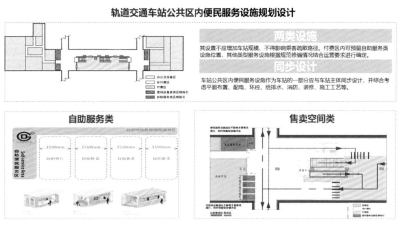

轨道交通车站公共区内便民服务设施规划设计示意图

1.2.20 北京市自行车和步行交通规划

2016 年编制完成的《北京市自行车和步行交通规划》是国内特大城市中第一个覆盖全市范围的自行车和步行交通专项规划。探索了城市转型发展中，特大城市自行车和步行交通发展前景论证的思路和方法；确立了自行车和步行交通在城市综合交通系统中的战略定位，提出了"建设步行和自行车友好城市"的发展愿景和目标。构建了满足不同层次需求的多样化网络系统，并提出分区域差异化的规划设计要求，形成了自行车和步行规划设计技术指引；同时，探索了老城整体保护框架下的交通应对之法。规划的核心成果已被纳入《北京城市总体规划（2016 年—2035 年）》，并陆续发表了《北京该不该发展自行车？》《北京需要多少共享单车？》《北京市活力街道规划实践与思考》等文章，为其他城市开展同类工作提供了参考和借鉴。

城市步行和自行车友好的系统性规划

编制单位： 北京市城市规划设计研究院

退线空间　附属设施　导向标志
人行护栏　标识标线　阻车桩
树池　绿化及座椅　街道小品
自行车停车　彩色铺装　街道家具

自行车和步行交通设施规划设计指引部分内容图示

1 家园共建

1.2.21 北京市自行车出行环境改善示范项目
——回龙观地区至上地地区自行车专用路规划

解决"睡城"与"硅谷"之间的出行痛点

编制单位：北京市城市规划设计研究院

本项目是北京首个自行车出行环境改善示范项目，是全国首个自行车专用路规划编制项目，规划试图为类似项目的开展提供经验，为治理超大城市复杂问题探索新的模式，为城市慢行系统建设指引新的路径。规划目标为：落实总规，示范引领，统一认识，唤醒意识，促进改革，推进实施。规划编制团队积极贯彻市委市政府发展指示、深化落实总体规划战略要求，以解决"睡城"回龙观和"中国硅谷"上地两地区之间出行痛点为抓手，全面推进自行车出行改善示范项目的实施。规划统一全社会对自行车复兴的认识，强调具有独立路权的自行车交通基础设施是践行城市总体规划的有力政策工具，促使转变城市交通出行结构，引导和培育市民绿色出行习惯效果显著，切实减短回龙观至上地地区的出行时间，提升通勤出行的可靠性和稳定性。

2020 年 6 月 4 日蔡书记考察北京自行车专用路

回龙观至上地自行车专用路高架

2019 年 5 月 31 日自行车专用路开通

自行车专用路起点

1.2.22　北京街道更新治理城市设计导则

作为城市最主要的公共空间，街道所承载的功能极为复杂，具有多部门管理、多主体参与、多对象使用的突出特点。随着城市交通压力与日俱增、公众对环境品质的诉求不断提升，街道空间愈发暴露出各相关部门权责不清、规划实施衔接不畅、公共权益与个体权利的博弈拉锯等问题，迫切需要探索街道空间高质量更新和治理的路径。

《北京街道更新治理城市设计导则》立足首都四个中心定位要求、千年古都历史传承使命和市民对美好生活的热切憧憬，定位首都街道价值：城市各类基本功能的载体、城市公共生活的客厅、国家首都形象的窗口和城市多元文化的界面。着力推动街道设计与管理理念转变：一是突破技术常规，全方位实现空间、功能、管理的科学统筹和有效整合；二是紧扣北京的难点、痛点问题，提出十大专项行动，并着力优化管理机制与规建管流程；三是坚持编制过程中的全社会参与，并通过多种形式的宣传，推动全社会达成共识。

自编制以来，推动了多部门认知转变，促成一系列技术标准的优化；基于大数据分析创新提出的北京街道功能分类体系，用于指导控规编制和重要地区城市设计工作；指导了一批城市街道的更新改造设计方案，并产生多个优秀改造案例；切实改善了路侧乱停车、护栏和围墙泛滥的现象，启动了高架桥下空间粗放使用治理工作。

探索街道空间高质量更新和治理的有效路径

编制单位：北京市城市规划设计研究院

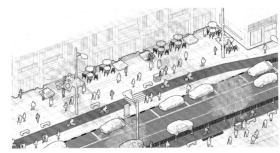

红线内外一体设计示意图

舒畅骑行示意图

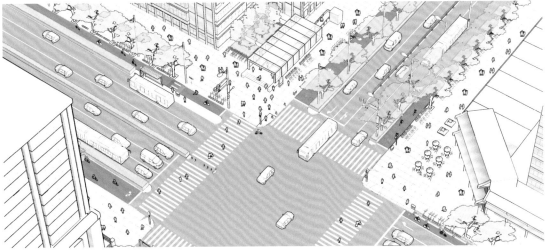

轨道站前一体设计示意图

1　家园共建

看不见的命脉支撑

城市运行有其载。化"邻避"为"邻利"，采用多种技术手段，提高垃圾资源化程度，促进土地资源集约高效利用。统筹地下交通基础设施、各类地下市政设施、人防工程设施、公共服务设施综合体，构建多维、安全、高效、便捷、可持续发展的立体式宜居城市。

1.3.1 地瓜社区

通过研究英国和美国的地下空间的发展历史，针对当时的北京地下现状，发起地下室改造艺术计划：旨在通过技能交换帮助年轻的地下北漂拓展他们职业发展的可能性，从而早日搬出不适合人居住的地下室，在城市中获得新的发展，并提出北京社区地下空间的发展策略。

平等、温暖、务实、创新型社区的空间正义

"地瓜"的名字灵感来源于哲学家德勒兹的"块茎系统"（Rhizome system）理论，即每个地瓜根茎彼此连接，没有开始，没有结束，每个节点都是加速度。

编制单位：中央美术学院设计学院（社会设计教研室主任）周子书副教授

希望每一个地瓜社区首先能深深扎根本地社区，其次能链接更多的社会资源和公共产品给到不同的社区，造福当地的百姓。

用"在地居民自产自销 + 闲置空间共享"的全新模式来连接社区邻里，达到公益和商业之间的平衡，从而获得运营的可持续发展，让每个人在家门口实现自己的价值（物质 + 精神），营造"平等、温暖、务实、创新"的社区文化，激发起社区里新的邻里关系，实现"空间正义"。

目前北京三个地瓜空间统一由地瓜孵化出的社会组织"北京市朝阳区亚运村舍予社会工作事务所"负责管理，并分别从各社区当地聘用全职妈妈或爸爸来参与空间的日常维护、运营和接待，利用社区居民群，结合各家庭的切身需要，展开一系列的社区活动。

花家地社区地瓜三号

甘露西园社区地瓜二号

安苑北里社区地瓜一号

花家地社区地瓜三号

1.3.2 北京市西城区地下空间开发利用规划
（2016 年—2030 年）

2017
市优

**地下空间与居民需求
紧密结合**

编制单位：北京市城市规划设
计研究院

西城区地处首都功能核心区，具有功能高度复合、空间形态多样、人口密集、发展定位高等特点。《西城区地下空间总体规划（2016 年—2030 年）》作为北京市编制的首个分区层面地下空间规划，旨在有效指导西城区地下空间的开发利用，释放更多城市地面空间，提高城市运行效率，构建一个生态安全、高效便捷，可持续发展的地下空间系统。

规划通过"四个统筹"形成了一套相对完善的分区层面地下空间规划编制方法，即通过统筹生态保护与地下工程建设，明确地下空间"三维生态红线"；通过统筹地下与地上空间资源，明确地下空间分区、分类发展策略；通过统筹地下各类专项设施建设，构建多维立体的地下空间功能系统；通过统筹战时防空与平时防灾，构建地上地下一体的城市综合防灾体系。本规划填补了北京分区层面地下空间编制的空白，创新和优化了地下空间资源量化评价方法，为特大城市中心建成地区的地下空间科学规划和管控提供有益借鉴。

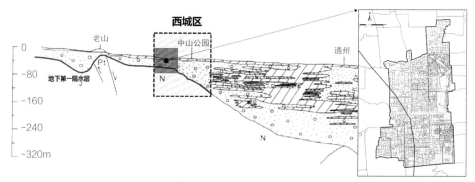

地下空间第一隔水层埋深示意图

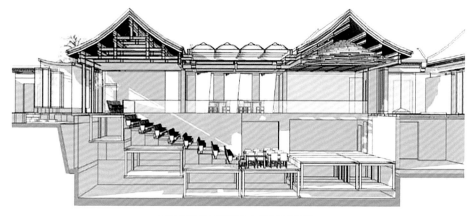

三井胡同 21 号观演大空间设计示意图

1.3.3 北京市地下空间规划（2018 年—2035 年）

地下空间是城市重要的空间发展资源。随着国土空间规划时代的开启，如何有效协调地下空间资源保护与发展的关系，推动这一重要公共资源的生态可持续利用，是新规划时代的重要议题。

《北京市地下空间规划（2018 年—2035 年）》是北京市首次从全市域层面编制的地下空间总体规划。规划转变工程建设主导思维，以生态地质调查为先导，划定地下空间三维生态红线，明确地下生态适宜建设范围；在此基础上，规划统筹各类地上地下城市空间与功能设施的竖向分层布局，绘制地下空间"一张蓝图"；为保障规划的有效实施，本次规划搭建地下空间信息数据库，落实刚性管控要求，空间属性信息全面，并可以不断动态更新，为地下空间规划管控的层层落实奠定基础。

本次规划作为北京市编制的首个市域层面的地下空间总体规划，填补了全市层面地下空间规划管控的空白，为完善国土空间体系下北京市地下空间规划编制体系和规划管控方法，起到了较好的示范引领作用。

地上地下空间的统筹规划和管控

编制单位： 北京市城市规划设计研究院

空间分类	主要地区	发展导向	具体内容
市级重点功能区	"8+n"：北京商务中心区、金融街、中关村产业园、奥林匹克中心区、北京城市副中心运河商务区、新首钢高端产业综合服务区、丽泽金融商务区、南苑-大红门地区等	多元化规模化综合利用的综合体	建设地上地下一体的城市综合体、轨道站点一体化、商业综合体、商业步行街、地下环隧、地下步行系统等
三城一区	4个科技创新地区：怀柔科学城、未来科学城、中关村科学城、北京经济技术开发区	地下科学城及基础设施网络	加强地下产业配套功能，促进综合管廊、地下环隧、地下物流、地下垃圾转运等基础设施建设
新城集中建设地区	10个新城集中建设地区及其他城市公共你功能集中地区	建设以公共服务为主导的地下公共空间系统	补充地下城市功能，建设地下停车、地下公共服务、地下商业、地下步行通道等
对外交通枢纽地区	"2+8+n"：北京新机场、首都机场、副中心站、北京站、北京西站、北京北站、北京南站、新北京东站、丰台站、清河站、星火站等	建设以交通换乘疏解为主导的地下综合体	建设地下交通综合体，促进交通换乘、商业服务，公共服务，地下停车、市政场站的统筹布局
轨道站点周边地区	12个近期轨道建设项目：M3、M12；R2(M17)、R3 (M19) 一期、R6 (M22) 平谷线、CBD线；M27三期（昌平线南延）、M8三期南延、机场线西延、M25二期（房山线北延）、M7东延、八通线南延	围绕轨道站点，配合地下建设做适度灵活延伸	促进轨道站区间与地下管线、综合管廊、地下道路的统筹建设；促进轨道站点周边公共服务功能的适度集中；加强站点非付费区的地下过街功能

全市地下空间重点分区示意图

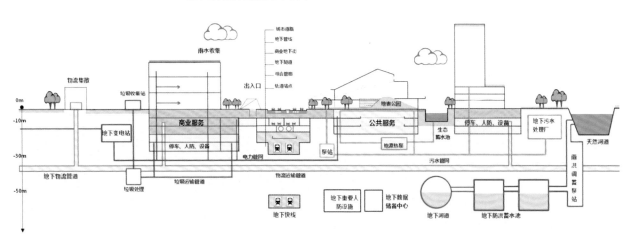

地下空间功能系统示意图

1 家园共建

1.3.4　首都功能核心区排水系统有机更新专项规划

2019
市优

**破解院落积水、户厕
难建等民生问题**

编制单位： 北京市城市规划设
计研究院、北京市环境保护科
学研究院

以为中央政务提供安全保障，全面保护历史文化名城为目标，结合有机更新的城市发展模
式，以问题为导向，研提核心区水环境、水安全以及排水设施民生改善三大策略。

在水环境改善策略中，首次基于河道水环境容量构建排水系统源头控制、过程分流、末端
截蓄和终端净化的合流制溢流污染控制全过程规划体系，首次将管网水动力学和污染物排
放规律相结合，研发水量和水质多目标数值计算方法，确定老城合流溢流控制标准、污染
减排目标及工程设施规模。

在水安全改善策略中，优化了传统排水防涝模型的计算方法，研发城市地表雨水行泄通道
数值计算工具软件，提出在保留现状管道基础上，利用胡同、支路和次干路作为雨水行泄
通道，确保大雨不成灾。

在排水设施民生改善策略中，总结提炼四合院排水设施改造、户厕化粪池建设、胡同排水
设施有机更新的策略，破解低洼院落积水、臭气逸散、户厕难建等民生改善问题。

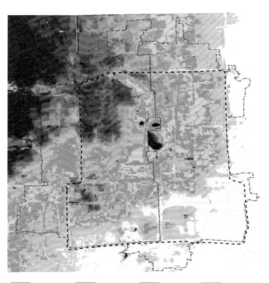

50~88m　46~50m　40~46m　33~40m

核心区现状地形高程图

—— 河湖水系　---- 排水暗沟　→ 排水管渠

核心区行泄通道分布示意图

1.3.5 北京市综合管廊规划设计指南

为贯彻落实国家相关文件的要求，做好综合管廊工程规划建设工作，住房和城乡建设部于2015年印发《城市地下综合管廊工程规划编制指引》，对综合管廊工程规划的编制内容和要求作出规定。本研究旨在制定北京市综合管廊规划设计工作规程，指导规划设计人员进行相关工作，以符合国家要求、适应北京需要。

2016年住房和城乡建设部下发2016年度综合管廊分省市建设任务，北京市为50km、共计8个项目，在本课题研究的指导下，完成了全部8个项目的综合管廊规划编制工作；同时，城市集中建设区、城市道路、轨道交通、地下空间一体化、旧城更新、重要节点共计30余个项目，均在该指南的指导下编制了综合管廊相关规划。

市政管线立体式布置集约利用土地资源

编制单位：北京市城市规划设计研究院

综合管廊口部效果图

综合管廊实景图

1 家园共建

1.3.6 北京市市政基础设施专项规划（2020年—2035年）

安全为重，民生优先

编制单位： 北京市城市规划设计研究院

为贯彻落实党中央、国务院对总体规划批复精神，切实保障总体规划有序实施，北京市规划和自然资源委员会组织编制完成《北京市市政基础设施专项规划（2020年—2035年）》。

规划内容包括水系统规划包括水、能源、固体废弃物、智慧基础设施四个系统，涵盖防洪及河道规划、供电、环卫、综合管廊等14项专业内容。规划具有多方面创新意义：

一是突出底线思维，适应资源环境约束新要求，将总规明确的用水总量和能源消费总量分解落实，实现刚性管控。

二是坚持安全为重，民生优先。不断提升供水、供电、供气、供热等生命线系统韧性和保障水平；系统治理城市内涝，解决城市"看海"问题，满足人民对美好生活的需要。

三是落实双碳发展战略，提出能源转型发展方案，大力发展光伏、热泵等新能源和可再生能源，减少化石能源消费，为全国低碳发展作出示范。

四是支撑城市绿色可持续发展。做好垃圾分类"关键小事"，推进生活垃圾源头减量和资源化处理利用，实现零填埋目标。

五是立足城乡一体、区域协同，提升农村基础设施通达水平，推动和周边地区基础设施共建共享，促进城乡融合和京津冀协同发展。

六是建设环境友好型市政基础设施，化"邻避"为"邻利"。

安定生活垃圾焚烧厂效果图

"通州堰"——尹各庄分洪枢纽效果图

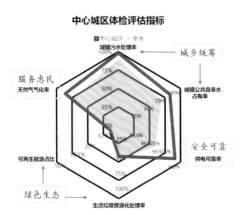

中心城区体检评估指标

天然气门站实景图

北京市中心城区槐房再生水厂实景

世园会中国馆光伏建筑一体化项目

1.4

看得见的人文关怀

城市友好有其容。建设适合人类居住的城市环境，注重城市环境的人文关怀，将包容、友好、绿色等理念融入城市空间规划建设的全过程。营造和谐温馨、充满人文关怀的城市环境，让老人、儿童、残障人士等群体，切实感受到城市空间的友好关怀。

1.4.1　北京市无障碍城市设计导则

北京无障碍专项城市设计与导则编制，有力支撑了《北京城市总体规划（2016年—2035年）》和《北京市进一步促进无障碍环境建设2019—2021年行动方案》的落实，支撑了住房和城乡建设部无障碍县市创建相关工作和《北京市无障碍环境建设专项整治行动方案》的制定。作为全国首次编制的无障碍专项城市设计导则，构建了为全人群服务的广义无障碍工程技术理论，提出了北京市城市无障碍环境重点建设区域分类控制和指标体系，有效支撑了将城市功能、景观、文化、公共艺术品和无障碍设施进行"五位一体"的实施方法。

指导的北京城市副中心建设、大兴国际机场、2022冬残奥运会场馆等项目，每年惠及1500多万使用者；指导的北京老旧社区适老化改造工程及"小空间、大生活——百姓身边微空间改造行动"直接惠及5.3万居民；为我国全面推动无障碍环境建设起到了示范引领作用。

构建为全人群服务的广义无障碍理论

编制单位： 北京市规划和自然资源委员会、中国中建设计集团有限公司

广义无障碍理论体系
（撰稿、制图：凌苏扬）

城市无障碍场景愿景
（撰稿、制图：凌苏扬、童馨）

北新桥街道民安小区微空间人性化改造实景照片
（撰稿：靳喆，摄影：设计团队提供）

北京城市副中心街道过街和公交站点无障碍环境建设实景照片（撰稿：靳喆，摄影：薛峰）

1.4.2 "轮椅上的乡愁"北京老城无障碍环境研究
——以白塔寺历史街区为例

半结构访谈 + 体验式调查把脉历史街区的无障碍环境改造

编制单位： 北京林业大学园林学院、清华大学无障碍发展研究院

北京现存历史文化街区中的街道——胡同，是北京老城居民生息活动的场所，也是游客体验中国古代城市景观和传统文化的重要目的地。然而，大多数历史文化街区现仍保留着居住功能，街道环境拥挤且老龄等行动不便的居民较为密集，其无障碍环境营建面临重重困难。

北京林业大学园林学院"乡愁北京实践团"和清华大学无障碍发展研究院联合发起"轮椅上的乡愁"系列活动，对历史文化街区原住民、游客，以及残障人士、相关政府及管理部门、行业专家和规划设计背景学生组织开展半结构式访谈及体验式调查。结合公开论坛与参与式展览，提出针对北京老城历史文化街区无障碍环境改造建议并搭建多方交流互动合作平台，以保障每位社会成员都得到充分的尊重和平等的游览活动机会，可持续地增强公众参与、传播历史街区人文精神，协调社会文明发展。

无障碍构成要素示意图

2018 年北京国际设计周——参与式展览

1.4.3 亲情养老社区规划设计标准体系研究

中国正在经历人类历史上规模最大、速度最快的老龄化进程。如今老龄化已成为北京建设宜居城市、世界城市所面临的巨大挑战，对老年机构与社区的建设提出了迫切需求。本项目从亲情养老社区入手，提出其与普通社区的3大主要差异点：重点配置爱老医养设施和便老服务设施；对居住产品进行适老化设计。在与老年人相关设施的配置上，突破传统设施以服务半径的"距离标准"作为依据的配置方式，以老年人最为珍贵的"时间标准"作为设施空间布局的依据，构建健康医养设施的8分钟生命线和生活服务设施的5分钟生活圈。

8分钟生命线+5分钟生活圈

编制单位：北京清华同衡规划设计研究院有限公司

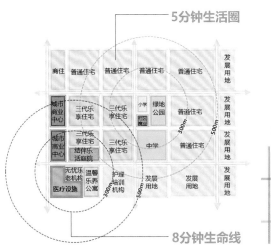

养老社区双圈层布局模式示意图

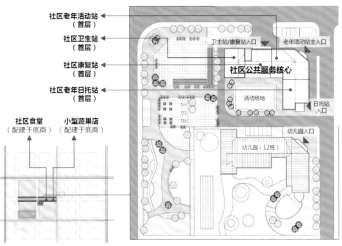

社区配套设施规划设计示例图

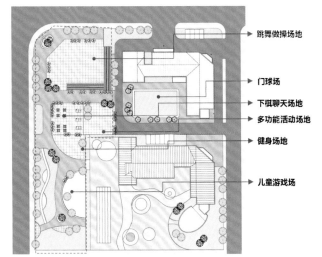

社区景观绿地布置示例图

	项目名称	场地面积	场地设施
第二层级	亲子活动场地	500㎡	游具、廊架、座椅
	休息聊天、棋牌活动场地	150㎡	棋牌桌椅
	中型健身场地	100㎡	健身器械、休息座椅
	中型做操跳舞场地	500㎡	休息观看座椅、储物空间、音响、照明设备、领操台
	中型球类活动场地	1200㎡	乒乓球台、羽毛球场、门球场、网球
	小游园	≥0.5㎡/人	

注：网球场可布置于社区绿地中

1.4.4　北京芳华里康养社区

服务式养老公寓

编制单位：北京华辰联众科技有限公司、AUNA（北京）建筑设计咨询有限公司

本项目在方庄芳星园一区，结合方庄地区周边项目特点，以融入社区、点亮社区的理念精心设计，为大社区带来一抹愉悦的城市风景。

"简洁明快，温暖愉悦"：服从养老功能，色彩上沿用原米色暖色系，建筑线条上采用木色和米色线条搭配，简洁朴素的设计传递阳光明媚的感觉。立面设计上局部把窗户做成梯形彩色窗，好似一个情景舞台的感觉。

"四时有序，逐光暖行"：对场地进行精细化风光定位分析，根据分析结果进行功能布置，让设计更具科学性，让四季分明的北方庭院真正做到冬阳夏荫。

"轻松漫步，自在行停"：巧妙的空间布局促进长者的互动与交流。

"颐养天年，乐享天伦"：儿童互动活动区成为祖孙三代共享天伦之乐的完美空间。

"岁月静好，芳华依旧"：步道旁的老邮筒、庭院中的老车站……这些充满了时间沉淀的文化感和厚重感的"老物件"勾起长者记忆中的共同回忆，治愈且美好。

公共空间设计示例图

环境设计示例图

建筑剖面图

整体鸟瞰图

1.4.5 "我们的城市"
——北京青少年城市规划宣传教育计划

"我们的城市"项目计划通过3~5年的时间，搭建内容研发和公益教育服务的平台，旨在以生动有趣、学习与实践相结合的方式，面向青少年传播城市规划知识和理念，为推动实现"人人都是规划师"、人人参与城市规划的城市治理新格局打下长远基础。

2019—2020年，多次开展城市空间探访、公益公开课、青少年规划实践等系列的线上及线下城市规划科普活动。2021年六一儿童节正式发布"规划课程盒子1.0"系列课程包，包括城市与规划、北京城的历史与保护、城市交通、城市市政、城市设计、社区规划六个主题课程，年底将出版《我们的院子》绘本。

未来，我们将继续采用线上线下相结合的方式，从课堂内的城市规划科普和城市空间探索体验两方面着手：一方面继续开发孩子们喜闻乐见的城市规划与自然资源有关的科普课程，以"规划课程盒子"等内容为抓手为青少年"赋能"，持续传播城市规划与自然资源的知识；另一方面，将带领孩子们走进城市的广阔空间，通过沉浸式、体验式城市空间探索方式，为青少年"赋权"，提供规划知识落地实践的机会，使青少年真正参与到城市规划和建设管理之中。

推动实现"人人都是规划师"、人人参与城市规划

组织单位：北京市规划和自然资源委员会、北京市城市规划设计研究院、北京市规划和自然资源委员会宣传教育中心、北规院弘都规划建筑设计研究院有限公司

我们的城市"LOGO"

学生展示设计作品

"规划课程盒子"公益公开课

线上城市空间探索课

1.4.6　双井街道儿童友好社区营造

实现儿童友好社区的自组织培育

编制单位： 北京社区研究中心

2019 年双井街道入围国际可持续发展试点社区，为响应联合国标准下的城市与社区发展的要求，儿童友好社区建设成为落实双井可持续社区目标的关键环节。

双井街道儿童友好社区建设工作以儿童参与为出发点，搭建儿童公益服务的平台，双井街道与责任规划师团队、在地文化基地今日美术馆、本地教育机构和乐成国际学校以及优质高校教师团队一起，以多方共建的形式，向公众传播有关儿童友好的理念和发展目标，提升可持续社区的社会认知和大众认同，通过生动有趣的方式，实现儿童友好社区的认知提升、空间改造和自组织培育。

儿童参与深访

儿童友好空间建成

儿童友好线下活动

儿童参与小微空间种植

1.4.7 常营街道福第社区"玫瑰童话花园"

"玫瑰童话花园"以现状月季为设计出发点，旨在为居民营造一处可游可赏的社区花园。花园主要由艺术晾晒、儿童游乐、月季花池、体育健身、社区小课堂、昆虫旅馆和垃圾堆肥装置组成，是一个融合艺术性、生态性与科学性的社区花园。

花园以"参与式设计"为更新理念，融入居民共建的实践部分，包括花园墙共绘、月季花池共砌、"福"字共筑活动，鼓励居民参与社区花园的设计与共建，提升了居民的参与感、体验感和归属感。

儿童深度参与社区花园的设计与共建

编制单位：中央美术学院建筑学院十七工作室

干净美观的艺术晾晒区

全龄友好看护和儿童跳格子

居民组织利用社区小课堂开展朗读活动

"玫瑰童话花园"的全新升级

1.4.8 八角街道腾退空间再利用项目

城市共创

构建安全、舒适、生态、全龄友好的城市客厅

编制单位：深圳奥雅设计股份有限公司

本项目是在北京市发展和改革委等部门的支持下，在原有的八角农贸市场疏解整治后，通过八角新乐园使碎片化的场地有机紧密地缝合在一起，秉承"同发展"和"不将就"的设计理念为市民提供冬奥主题乐园。公园布置了二十种以上的运动方式及冬奥主题的体验项目，借助海绵城市的设计理念，创造了一个安全、舒适、生态的城市客厅。

通过分析场地服务人群的性质，和场地承载的功能与意义，设置了丰富且适合全年龄参与的活动场地，同时结合冬奥会的主题，将市民的日常生活娱乐融入场地当中，建立一种新的交往方式。

八角新乐园改造后实景图 1

八角新乐园改造后实景图 2

八角新乐园改造后实景图 3

八角新乐园改造后实景图 4

八角新乐园改造后实景图 5

八角新乐园改造后实景图 6

家园共建学术召集人语

家园不仅是我们每天工作和生活的地方，也是维系亲情、孕育希望的港湾。"家园共建"突出的是"人民城市人民建"的思想，通过规划师搭建创新治理的平台，让政府、社会、老百姓都参与到城市规划和建设中来，从而实现真正意义上的共建、共治和共享。

第一篇章"繁荣共治的街乡图景"，重点呈现全国首个在全市范围内广泛施行的责任规划师工作制度。目前，三百余个规划师团队正扎根于全市 95% 以上的街道和乡镇。他们与街道、社区一起努力，给百姓生活带来可喜的变化。例如，"小空间·大生活"计划中落成的 6 个公共空间，解决居民活动功能少、人车争夺空间、无障碍和儿童设施不足、绿化品质低等问题，实现了城市温度、人气和活力的再造。"微空间·向阳而生"计划采用"社会力量出资、责任规划师出智、各级政府部门出力、人民群众满意"的更新改造模式，孵化了 5 个兼具惠民性与设计感的小微空间，得到社会一致好评。今年"建党百年·服务百姓·营造属于您的百个公共空间"项目完成征集与方案孵化，100 处小微公共空间即将变身，为老百姓茶余饭后聊天、健身、儿童玩耍提供宝贵的场所。在东四南历史文化街区实践中，中央美术学院侯晓蕾师生带领居民把高空、墙根儿、桌子都变成了花园，既美化了老北京的胡同环境，又提高了居民参与的积极性。清华大学建筑学院的师生用 40 年时间，持续参与什刹海地区的保护规划，从整体风貌、院落改造到房屋修缮，都倾注了他们的热情和心血。海淀区学院路的责任规划师总结出了"4+1"的工作方法，成为创新街区更新制度的典范。而琉璃庙镇、高丽营镇和妙峰山镇的责任规划师则通过设计下乡、资源对接、村民参与等手段助力乡村的产业发展和经济振兴。

第二篇章"绿色共享的住行保障"，首先展现不同类型居住环境品质提升案例。在老旧小区更新方面，朝阳劲松、双井等地区采用"区级统筹、街巷主导、社区协调、居民议事、企业运作"的"五方联动"机制，打造"微利可持续"的市场化改造模式；石景山五芳园、六合园等地区统筹全要素资源，建设包含立体停车、社区食堂、便民设施及屋顶花园的综合服务体，推进建立老旧小区物业服务的长效机制；北京市首个危旧楼房改建试点——光华里项目——则从建筑模式、制度措施、工作机制等方面提供了创新性的标准与范本。在传统平房区院落改造方面，皇城地区探索出一条国企社会资本参与申请式退租的有机更新路径，通过"共生院"模式最大限度地满足区域内居民的实际需求。交通出行方面重点选择与老百姓生活密切相关的规划，比如停车专项规划，制定了"市－区－街道"三级停车预案，解决一直以

邱 红
北京市城市规划设计研究院规划研究
室教授级高级工程师

张 晨
北京市城市规划设计研究院详规所
工程师

武占河
北京市首都规划设计工程咨询开发有
限公司助理规划师

来困扰老百姓的"胡同停车难"问题。轨道微中心是促进站点与城市融合的粘结剂，通过北新桥、五道口地铁站周边的空间资源整理和一体化设计，不仅为周边市民节省出可用于建设绿地广场的空间，还补充了便民服务设施，使其成为"通勤－生活"一站式服务中心。作为绿色慢行交通的典范，北京市第一条自行车专用路的建设解决了"睡城"回龙观和"中国硅谷"上地之间的出行痛点，引导和培育了市民的绿色出行习惯。《北京街道更新治理城市设计导则》则探索了街道空间高质量更新的路径，改善了路侧乱停车、护栏和围墙泛滥的现象，为城市的精细化建设起到了关键性作用。

第三篇章"看不见的命脉支撑"，展示多维、安全、高效、可持续发展的立体式宜居城市图景。比如《市政基础设施专项规划》在不断提升生命线系统韧性基础上，还关注环境友好型设施的建设，化"邻避"为"邻利"，既保障基本功能，又美化城市环境。《综合管廊规划设计指南》提倡将各类市政管线立体式布置，实现了城市用地资源的集约化利用。《核心区排水系统更新规划》破解了四合院院落积水、户厕难建、胡同排水等民生问题。在城市地下空间开发利用方面，一方面对重点地区地上地下空间的规划管控提出合理建议，另一方面鼓励将闲置空间与居民需求紧密结合，例如北京三处地瓜社区的建设，强化了地下空间的便民效益，成为促进人与人、人与社会之间联结的纽带，实现了平等、温暖、务实、创新型社区的空间正义。这一部分展板布置在地面上，呼应了综合管廊等基础设施深埋地下的特征，希望唤起公众对城市地下空间与设施的关注。

第四篇章"看得见的人文关怀"，集中展现城市对全龄人群的包容性。面对行动不便人群，《北京市无障碍城市设计导则》提出将城市功能、景观、文化、公共艺术品和无障碍设施进行"五位一体"实施的方法；"轮椅上的乡愁"系列活动通过半结构式访谈及体验式调查，对历史文化街区的无障碍环境改造提出了宝贵意见。面对老年人口需求，《亲情养老社区规划设计标准体系研究》构建了健康医养设施的8分钟生命线和生活服务设施的5分钟生活圈；芳华里康养社区项目从空间布局、功能配置、景观设计等方面，都充满了对于老年人的友好关怀。面对育儿家庭需求，《我们的城市》持续向青少年传播城市规划知识和理念，通过开展近百场线上线下的规划科普活动，发布系列课程包并出版儿童绘本，让青少年真正参与到城市规划和建设管理过程中。双井街道搭建儿童公益服务平台，以多方共建的形式，实现儿童友好社区的认知提升、空间改造和自组织培育。常营街道通过公众参与方式，为儿童营造出由月季花池、体育健身、社区小课堂、昆虫旅馆和垃圾堆肥装置组成的社区花园。八角街道则利用腾退空间布置了20种以上的冬奥主题体验项目，设置了丰富且适合全年龄参与的活动场地，创造了一个安全、舒适、生态的城市客厅。

除展板外，这一部分还纳入"我们的城市"与"轮椅上的乡愁"两个团队的实践成果，包括中小学生亲手制作的社区公共空间提升方案模型和儿童友好地图、走访社区获得的城市问题调查报告，以及城市无障碍设计的系列周边产品。

家园共建　　　　家园共建板块讲解
邱　红＆武占河　　视频二维码

生态共治

ECOLOGY CO-GOVERNANCE

中国人历来有"天人合一"的大智慧，西方人也有设计结合自然的基本理念。

以寄情山水为审美意趣的东方和以自然为友的西方，在城市建设理念上有着长久的共识与默契。

工业革命之后，人类建起一座座超级城市。在极尽智慧与努力建设伟大城市的同时，从没有忘记对美好生态的珍视。

"生态共治"即代表了这样一种进化中的规划观：

于文明发展的漫漫长河，仰观宇宙之大，俯察品类之盛，长久探索人类、城市与自然生态的微妙关系，从顺从自然的起始，到征服自然改造世界的魄力，进而自觉于人与自然和谐共生的态度。

生态兴则文明兴，良好的生态环境是最普惠的民生福祉。

在"山水林田湖草是一个共同生命体"的理念下，将自然的美好从山野引入身边，以生态共治的方式，让城市居民实现与自然互动的理想，歆享属于每个人的绿色获得感。

"生态共治"版块——这是一次对城市生态之美的巡礼，一程山水，远望近观，众生喜乐，以小见大。我们绘就青山绿水、成全草长莺飞、共创美好人居。

从保护城市生态安全、提升生态品质出发，划出约束城市建设的刚性边界，提出蓝绿空间规划体系，在保护与发展之间努力找寻平衡点。致力于从多头管理到统筹治理，营造北京山水林田湖草全要素的总体生态格局，以保证经济和社会系统的持久健康与旺盛活力。

2.1.1　基于全域空间管制的北京城市开发边界规划
2.1.2　北京市生态控制线和城市开发边界管理办法

为实现全域全要素的国土空间管控，有效保护自然生态、遏制城市无序蔓延，北京市在城市总体规划中提出了"两线三区"的管控方式，通过划出生态控制线和城市开发边界，按照 75%、11% 和 14% 的比例，将全部行政辖区划分为生态控制区、限制建设区和集中建设区，到 2050 年实现城市开发边界和生态控制线两线合一，永久性城市开发边界范围原则上不超过市域面积的 20%，生态控制区比例提高到 80% 以上。

划出管控边界　遏制城市"摊大饼"

《北京市生态控制线和城市开发边界管理办法》是全国首个基于全域空间管制理念出台的地方性法规文件，这一先行探索将规划实施标准和管理政策化、法制化、透明化，为北京市"两线三区"从技术方案到管理工具奠定法律基础，对全国空间规划改革起到引领示范作用。

从一张蓝图到一套规则

编制单位：北京市城市规划设计研究院

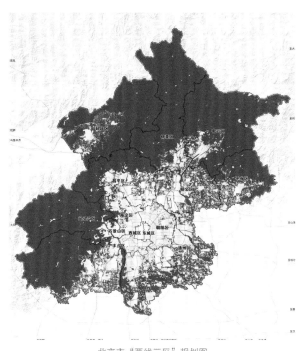

北京市"两线三区"规划图

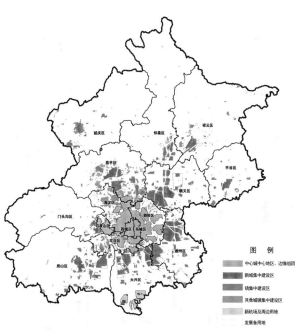

北京市城镇开发边界规划图

2.1.3 北京市生态安全格局专项规划（2021年—2035年）

构建横向到边、纵向到底的生态空间规划与统筹实施体系

编制单位：北京市城市规划设计研究院

国土是生态文明建设的空间载体，提高生态要素与生态空间规划的战略性和系统性，是国土空间规划的关键。近年来，北京市在全面加强生态保护的基础上，不断加大生态修复力度，生态环境治理得到有效改善，自然生态系统总体稳定向好，服务功能逐步增强，生态安全屏障基本构筑，但在保障生态空间的系统性和完整性方面仍存在空间交叠、要素冲突等问题。

《北京市生态安全格局专项规划（2021年—2035年）》，在横向上强化山水林田湖草沙"条"线要素的串接和重点生态空间"块"状工作的整合，纵向上促进各层级规划间的有效传导，推动条块分散治理向系统集成治理转变。规划在摸清全市山水林田湖草底数的基础上，建立包括4大类、101个图层的全市生态空间基础数据库。围绕首都生态安全保障，选取水、林、田、生物、地质、游憩、文化等9类重要生态要素进行系统评价，以单要素生态安全格局为基础，构建全市域综合生态安全格局。

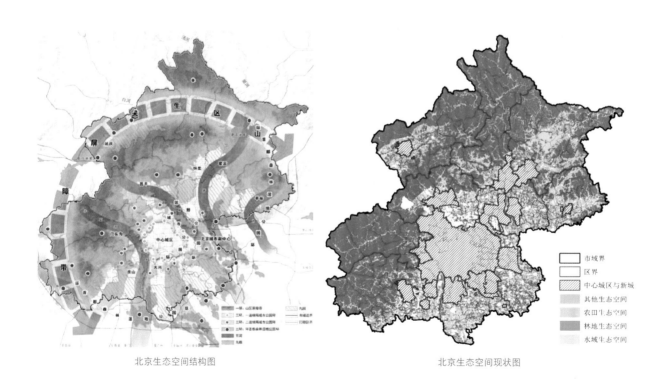

北京生态空间结构图　　　　　　　　　　　　　　北京生态空间现状图

城市是集开放性、动态性和复杂性、脆弱性于一体的巨系统，随着城镇化进程加快，城市面临的不确定性因素和未知风险不断增加，且呈现明显的叠加放大效应。面对空前复杂的未知风险和突发冲击，增强城市韧性、保障城市安全是当前城市规划与治理的核心要务，也是大国首都建设中不可或缺的重要内容。

《北京市韧性城市规划纲要研究》立足"超大城市"的灾害风险特征和"首都城市"的安全保障要求，建立涵盖自然灾害、事故灾害、公共卫生和社会安全整个城市公共安全领域的风险数据库，深入剖析影响北京安全韧性的重点地区、主要问题、关键领域和薄弱环节。

居安思危，前瞻应对
开展超大城市风险
管理

编制单位：北京市城市规划设计研究院

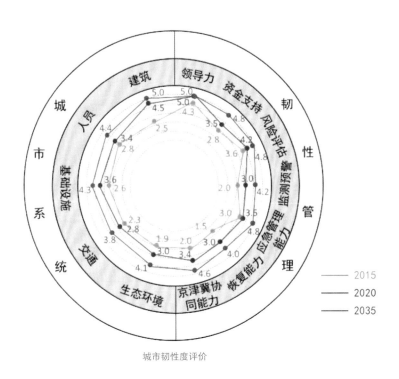

城市韧性度评价

2.1.5　北京市园林绿化系统规划

2019
市优

焕发自然之美
提升城市颜值

编制单位：北京市城市规划设
计研究院

北京市园林绿化空间面积达到市域总面积的70%以上，是改善城市生态环境、提升游憩服务、塑造景观风貌的重要载体，也是展现我国悠久园林文化的重要窗口。《北京市园林绿化专项规划》综合考虑了生态保护与建设、游憩体系发展、园林景观风貌塑造的协同需要，对园林绿化领域的定位、建设目标、不同空间圈层的工作重点进行细化、实化和具体化，对建设国际一流的和谐宜居之都具有重要作用。

北京市百万亩平原造林实施成效实景图

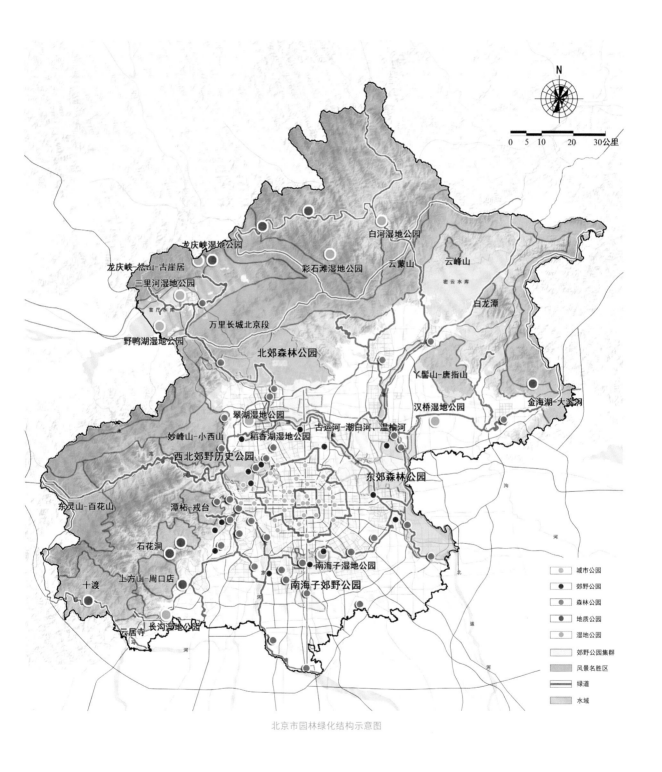

北郊森林公园

龙庆峡湿地公园
龙庆峡-松山-古崖居
三里河湿地公园
野鸭湖湿地公园
万里长城北京段

彩石滩湿地公园
白河湿地公园
云蒙山
云峰山
密云水库
白龙潭

翠湖湿地公园
妙峰山-小西山
稻香湖湿地公园
古运河-潮白河、温榆河
西北郊野历史公园
丫髻山-唐指山
汉桥湿地公园
金海湖-大溪河
东郊森林公园

东灵山-百花山
潭柘-戒台
石花洞
十渡
上方山-周口店
南海子湿地公园
南海子郊野公园
云居寺
长沟湿地公园

北京市园林绿化结构示意图

	城市公园
	郊野公园
	森林公园
	地质公园
	湿地公园
	郊野公园集群
	风景名胜区
	绿道
	水域

2 生态共治

以生态优先的规划理念，因借北京大山大水的独特自然环境，用大尺度绿化，打破超大城市钢筋水泥森林的幽闭；用多样蓝绿空间，缓冲高频率城市节奏的无助。坚持因地制宜、留白增绿，做好山水文章，描绘壮丽图景，努力让绿色成为北京的城市底色。

2.2.1 北京市浅山区保护规划（2017年—2035年）

北京浅山区是山区的重要组成部分，位于山区与平原的过渡地带，生态环境优美、资源矿藏丰富、文化底蕴深厚，自古以来都是人类生息的重要承载地，是城市的后花园和山区的门面地区。

《北京市浅山区保护规划（2017年—2035年）》，统筹山水林田湖草系统治理，优化国土空间开发保护格局，为更好保护浅山区的生态环境、改善城乡居民人居环境、展现自然山水和深厚文化底蕴提供了有力支撑，将引领浅山区建成首都环境治理能力展示窗口、特大城市生态文明示范地区、山区居民共享共生美丽家园和千年古都历史文脉传承源地。

落尽铅华，浅山毓美：建设北京生态文明示范区和首都城市建设发展的第一道生态屏障

编制单位：北京市城市规划设计研究院、北京林业大学、北京城垣数字科技有限责任公司

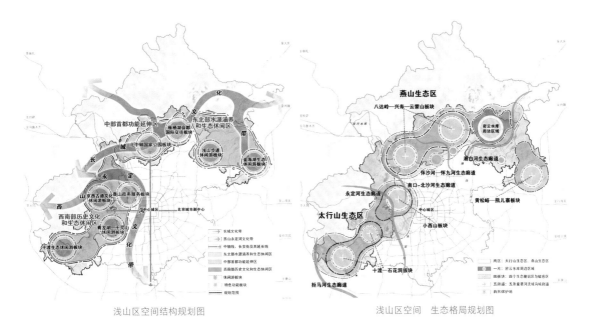

浅山区空间结构规划图　　　　　浅山区空间 生态格局规划图

从城区西望北京浅山区

褪尽铅华 浅山巅美

北京市浅山区二十八景
（北京市城市规划设计研究院）

2 生态共治

2.2.2 北京滨水地区城市设计导则

城市共创

营造更安全、更美观、更舒适的城市滨水空间

《北京滨水地区城市设计导则》从北京市域、中心城区、首都功能核心区三个层面梳理了水系格局，提出了北京市滨水空间全民共享、分级明确、传承历史、丰枯兼容和涵养水源5大设计原则，明确了滨水空间分级—分区—分类的管控重点，充分落实总规要求，强调与分区规划相衔接。

编制单位： 中国城市发展规划
设计咨询有限公司

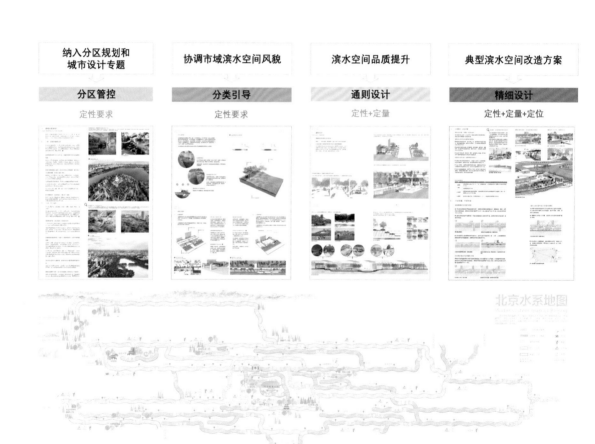

北京滨水地区城市设计导则技术框架和北京水系地图

2.2.3 北京城市副中心大运河沿线景观风貌设计方案

北京城市副中心大运河沿线景观风貌设计方案以17km大运河城市副中心段为基础，重点对运河两岸约21km²用地范围内文化、生态、景观、防洪安全、城市活力等进行深化整合。

贯彻六大发展共识：擦亮"全域博物馆，千年运河堤"的大运河金名片；构建"一脉贯通、五区联动"的总体空间结构；形成"文化+旅游+商业+科技"融合发展的文旅体系；建设"堤景融合、隐形韧性"的滨水一体化空间；塑造"层次丰富、流光溢彩"的景观风貌；打造"绿色出行、内外畅达"的交通体系。

建立景观风貌、文化旅游、综合交通和水利生态四大研究保障系统；结合近期实施条件，同步深化四处景观节点及跨河步行桥设计；以运河2号地为综合示范，编制综合实施方案，落实土地供给需求；并对接落地实施，统筹近远期建设时序，建立重点项目库。

将大运河建设成为璀璨文化带、绿色生态带、特色旅游带

编制单位：北京清华同衡规划设计研究院有限公司、上海同济城市规划设计研究院、同济大学建筑设计研究院、法国岱禾景观建筑设计事务所、天津大学城市规划设计研究院及天津大学建筑设计规划研究总院、北京市城市规划设计研究院、北京市水利规划设计研究院、北京市市政工程设计研究总院

北京城市副中心大运河沿线景观风貌效果示意图

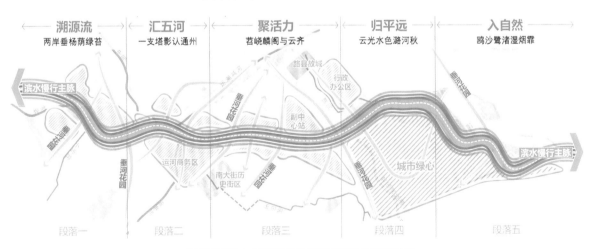

北京城市副中心大运河沿线五个空间段落及景观风貌主题

2.2.4 北京城市副中心城市绿心规划统筹平台

城市共创

以大尺度生态空间实现森林入城的规划理念

编制单位：北京清华同衡规划设计研究院有限公司

城市绿心约 11.2km²，位于副中心一带一轴交汇处，是副中心规划编制和批复以来第一个面向市民开放的大型绿色公共活力空间。规划构建理念创新、策略保障、协同平台的创新范式，以森林公园为生态本底，融合剧院、图书馆、博物馆、体育中心等公共功能，塑造彰显东方智慧和展示生态文明的市民活力中心。

城市绿心规划工作已跨度 6 年，在随"副中心控规"获党中央批复后，由市委领导提出"打造城市绿心片区规划实施统筹平台"，城市绿心由规划设计逐步进入面向实施的平台化的方案优化和维护阶段。工作覆盖从规划到实施、从整体到局部的多个层面，包括概念规划、控制性详细规划及城市设计、起步区任务书编制及征集方案整合、规划实施统筹平台、起步区控制性详细规划、责任规划师等，自始至终以平台化的开放模式融合推进城市绿心蓝图落地。

各级领导高度重视城市绿心规划建设，习近平总书记两次考察副中心，均涉及城市绿心规划的相关工作内容，并两次在城市绿心参加义务植树活动。2020 年 9 月，城市绿心森林公园一期向市民开放；包括剧院、图书馆和博物馆在内的起步区则预计于 2022 年底完工开放。

北京城市副中心城市绿心森林公园效果图

温榆河公园，依托于北运河水系温榆河河道以及清河河道，是北京中心城区北部水系的重要组成部分，也是市域大山水生态格局的重要构成。规划以"生态、生活、生机"的内涵理念为统领温榆河公园规划建设。生态，即构建山水林田湖草生命共同体，统筹生态涵养、生境修复、生物多样性及蓄滞洪功能，将温榆河公园打造成会呼吸的城市生态绿肺；生活，即以人为本、关注民生需求，兼具文化、休闲、体育等多元功能，打造公园成为惠民利民的重大民生工程；生机，即由公园内生动力的自循环生长带动周边地区经济社会协同发展，将绿水青山切实转变为金山银山，将公园打造成为地区文化复兴极点、绿色发展典范、生态文明金名片。

激活生态、生活、生机打造文化复兴极点、绿色发展典范、生态文明金名片

编制单位：北京市城市规划设计研究院

温榆河公园总体鸟瞰效果图

2.2.6　温榆河公园朝阳示范区项目

高起点大手笔打造具有时代特色的首都生态文明建设金名片

编制单位： 温榆河公园管委会、北规院弘都规划建筑设计研究院有限公司、北京市园林古建设计研究院有限公司、北京市水利规划设计研究院

温榆河公园朝阳示范区东临京承高速，南接黄港南路，西北紧邻清河，规划面积约 2km²，已于 2020 年 9 月正式开园面向市民，开园后游人络绎不绝，多处景观景点成为网红打卡地。

注重规划引领顶层设计，借鉴古今中外造园手法，胸怀千米精雕毫米，着力塑造有品质的郊野公园，不一样的城市公园，示范区整体在因地制宜生态低扰动、生境营造生态修复、建筑垃圾资源化、蓄水净化治水造园、智慧公园运营管理、精野结合公园建设，大手笔塑造具有时代特色的城市新园林等方面作出了积极的探索。

温榆河公园朝阳示范区项目实景图 1

温榆河公园朝阳示范区项目实景图 2

秉持以人民为中心的理念，从人们的绿色获得感和生态环境的社会价值为重要出发点，用严谨的技术逻辑，营造点、线、面多元维度的城市生态环境。天蓝、地绿、水清，"开窗有景、出门见园、行路见荫"，成为市民的小确幸。

美国学者里特尔在其经典著作《美国绿道》中这样定义绿道：沿着河滨、溪谷、山脊线等自然走廊，或是沿着用作游憩活动的废弃铁路线、沟渠、风景道路等人工走廊所建立的线形开放空间，包括所有可供行人和骑车人进入的自然景观线路和人工景观线路。

目前，北京市级绿道骨架网结构基本成型，总长达到 693km，串联公园 78 个，串联景区 15 个，并进一步带动了区级绿道的加速建设，对于强化首都形象，提升市民绿色获得感意义重大。

编制单位： 北京市城市规划设计研究院

北京市市级绿道规划示意图

北京城市绿道实景图 1

北京城市绿道实景图 2

北京城市绿道实景图 3

2.3.2　亮马河景观廊道

以水为魂　以绿为底
以光为韵

编制单位：北京禹冰水利勘测规划设计有限公司、AECOM、北京易景道景观设计工程有限公司

亮马河景观廊道项目是北京朝阳区"政企共建"开展河道治理首个试点，规划师整合"水、城、景、文、游"五个系统，拓展河道空间复合功能，与两岸商业无缝衔接，使建筑从"背靠河"变为"拥抱河"；融入科技智慧元素，构建了丰富多彩的景观场景；在城市河道中重构生物多样性服务的生境空间，将亮马河打造为"水清、岸绿、景美、蕴深"的首都金名片。

亮马河景观廊道实景图1

亮马河景观廊道实景图2

亮马河景观廊道实景图3

2.3.3　北京2017年、2018年、2019年度城市体检

北京城市体检结果显示，2015年以来，全市新增城市绿地3773hm²，建成城市休闲公园190处、小微绿地口袋公园460处，城市森林52处。绿色空间不断拓展，高品质宜人环境加快形成，市民绿色获得感持续增强。

在2018年、2019年连续两年度开展"国际一流和谐宜居之都社会满意度年度调查"，获取北京市民对总规实施和城市工作的年度评价，并通过数据库长期建设，跟踪记录市民满意度变化脉络。

根据不同年度社会满意度调查结果对比，居民对空气污染治理的评价是增幅最大的一项指标（增加17.57分），其次是雨污水排放评价（增加13.79分），表明北京大气治理和环境治理工作受到了市民认可。

看得见的绿色
闻得到的清新
这就是绿色获得感

编制单位：北京市城市规划设计研究院、中科院地理所等

2.3.4　面向人人健康的北京城市开放空间规划研究

城市共创

一个理想的居住环境
理应是令人身心愉悦
的健康城市

编制单位： 北京市城市规划设
计研究院、中科院地理所等

健康城市是城市建设发展的初心，顺应自然万物的保护观念，关注城市肌理的疏密布局，平衡城乡之间的生活方式，是健康城市朴素的表达方式。《面向人人健康的北京城市开放空间规划研究》认为，开放空间是城市中最具普惠性的健康公共资产，通过开放空间提升身体活动水平、促进心理健康，是规划在这场"融健康于万策"的城市变革中关键发力点。

整体来看，全市开放空间规模充裕，空间分布不均衡，小微公园、活动场地、亲水空间相对缺乏，包容性和服务品质有待提升，市民身边小而普惠、近而精致的空间资源需要重点增补。

北京市公共健康空间分布现状

绿地公园
4086

公共健身器材
3751

儿童活动场地
2923

广场或公共空地
2415

操场或运动场
1950

游泳馆
1490

健身房

高品质步道
2228

蓝、网、羽、乒等
球类专项场地
1870

其他
老年人活动中心、棋牌室、小饭桌等

棒垒足田综合场地

自然水体

北京居民健康服务调查问卷——10705名北京市民心目中最需要补充的健康服务设施

见微知著。以绣花功夫精心勾勒城市美好空间细节，让城市的精细化治理，呈现于一草一木和一景一品之中，人们感到美好的设计就在身边。小而精的设计，把草木的生机、生物的灵动、艺术的温度融合在一起，为城市倾注思想、留住温存。

2019
市优

三里河是《北京城市总体规划（2016年—2035年）》批复后北京老城内第一条恢复的水系。于2017年4月完成了鲜鱼口以南的建设，全长800m，河道1.4hm²。设计中提出"城市修补、生态修复、文脉传承"的理念，再现"水穿街巷"的景观。目前已成为北京新16景之首，"正阳观水"一景，是北京老城核心区的城市双修、城市复兴典范。

再现"水穿街巷"

编制单位：北京市建筑设计研究院有限公司

前门三里河及周边恢复整治项目效果图1

前门三里河及周边恢复整治项目效果图2

前门三里河及周边恢复整治项目建成实景图1

前门三里河及周边恢复整治项目建成实景图2

2.4.2 "广阳谷"城市森林

城市共创

在家门口就能亲近森林、感受野趣

编制单位：西城区园林绿化局、北京创新景观园林设计公司、西城区园林市政中心

"广阳谷"城市森林位于菜市口的西北角，原为一片拆迁闲置地，2017年7月，西城区园林绿化局、园林市政管理中心对这一地块进行重新规划，2017年9月，这片由未利用地改造而来的"广阳谷城市森林"正式开放，这也是首都功能核心区最大的"城市森林"。"广阳谷"名字的由来，因为秦朝"广阳郡"故城所在，结合现在场地内连绵起伏的绿谷森林的景观特点，将绿地命名为"广阳谷"，古今交汇，体现出历史与现代的融合辉映。

有别于传统城市景观，城市森林在植物选择方面，模仿北京的自然森林群落结构，多选用大型乔灌木，以乡土树种为特色，主打物种多样性，形成自然森林群落结构。园内目前共有79种、3798株乔灌木，32种2万余平方米草本地被。多种新优彩叶树种，丰富植物群落色彩，让城市森林一年四季都有美景呈现。

"广阳谷"城市森林实景图1

"广阳谷"城市森林实景图 2

2.4.3 中国国家地理 · 图书出品《城市自然故事 · 北京》

编制单位： 波普自然 POPG REEN/ 共生领域（北京）文化传媒有限公司

波普自然探寻身边的城市自然，提出"城市自然计划"与"物种宝藏计划"，其中"城市自然计划"以团队所在的城市——北京为调研背景和首发，小到家中屋檐，大到远郊的山野……行走在九月的奥森公园，穿过北京城中的每条胡同，仰望 CBD 楼顶盘旋的鸟群……经过三年深度调研，创作《城市自然故事·北京》系列丛书。

这套内容呈现出一条完整地了解北京这个城市自然内容的展览故事线。根据每本书的场景，每一页都是一段可以自己去探索、可以在这个城市里去发现的故事。

《城市自然故事 · 北京》封面

《城市自然故事 · 北京》内页 山林之夏

《城市自然故事 · 北京》内页 山林之秋

生态共治学术召集人语

杨 春
北京市城市规划设计研究院总体规划
所主任工程师

甘 霖
北京市城市规划设计研究院规划研究
室工程师

生态共治版块是一段对城市生态之美的巡礼，引领公众重新发现大北京值得描摹的山川、值得书写的绿意、值得珍惜的资源和值得享用的乐土。

这个版块的展览内容包含 5 个篇章共 17 个项目：

第一篇章"大格局托举的大生态"，展示的是近年来北京编制实施的全局性空间规划成果，包含城市开发边界划定、两线三区管理办法编制、生态安全格局专项规划、园林绿地系统专项规划、韧性城市规划纲要研究共 5 个项目。通过这些项目，公众能够目睹首都规划如何约束住"摊大饼"的趋势，构建一屏、三环、五河、九楔的生态空间格局。现在的北京，城市的增长不是无序放任的，而在保护与发展之间寻求着平衡。规划工作以超越时代的理性与克制，引导城市的可持续发展，为子孙后代和自然万物保留一座生机勃勃、韧性可靠、绿意盎然的宜居之都。

第二篇章"大山水涵育的大风光"，展示的是近年来北京编制实施的重点地区规划成果，包括 6 个各具特色的规划项目。在这里，能够看到浅山区保护规划中，规划师们笔染丹青，擦亮一幅独属于北京的千里江山图；看到滨水地区城市设计导则，设计师们匠心独运，奏响一曲清新明亮的水岸欢歌；看到副中心绿心如何以大尺度绿化打破超钢筋水泥森林的幽闭；也看到温榆河公园如何用多样化的蓝绿空间来缓冲都市生活的焦虑节奏。展板下方展示的这幅图，描绘的就是北京的浅山区二十八景，是首都规划对于"做好山水文章、描绘壮丽图景"的愿景写照。其实规划是空间的学科，也是时间的魔术，这里每一张空间蓝图，假以时日都会在北京一万六千平方公里的土地上实施成为美不胜收的现实画卷。

第三篇章"大都市包容的小确幸"，包括绿道系统规划、亮马河景观提升工程、城市体检和健康开放空间规划等 4 个规划项目。事实上，所谓"生态共治"的初心，始终紧紧围绕着人的福祉，可以说，近年来北京生态建设的最突出成效，全部都兑现在市民看得见摸得着的绿色获得感中。这份小确幸来自看得见的绿色获得感，是一条条绿道在不断延伸，从城市通往乡野，用自然来串联人文；也来自闻得到的蓝天幸福感，过去三年里北京城市体检捕捉到的最可喜的变化，正是市民对空气质量的满意度持续提高；还来自于抓得住的健康机遇，在人人共享健康城市的规划愿景中，北京将为市民增补更普惠、更包容、更具健康价值的开放空间，让人们在楼前院内街拐角都能享用绿色愉悦的活动场地。

周兆前
北规院弘都规划建筑设计研究院有限公司方案创作与城市设计所主任工程师

第四篇章"小精品映射的大智慧"，展示人们身边小而美的优秀设计。例如前门三里河一带，是北京总规批复后北京老城内第一条恢复的历史水系，运用城市修补、生态修复技术再现了水穿街巷的景观。又如广阳谷城市森林，在高密度的水泥森林中营造了一方具有高度生物多样性的野趣空间，让市民在家门口多了个好去处。这些小而精的空间设计，让城市的精细化治理，像绣花一样呈现在每个人身边，一草一木一光阴，一沙一石一世界，于细微之处惊艳了时光，也在寻常巷陌温暖了城市。

第五篇章"小家伙眼里的大北京"展现了一座神秘的城市大花园。这里有标志性的建筑和熟悉的天际线，也有本土特有的花花草草和不为人知的飞鸟走兽，这里是我们爱的大北京，也是小动物与植物们自由生长的家园。在勾勒着大自然美好线条的墙面上，留下了市民们五彩斑斓的笔触。我们期待让城市的美在每个人笔下不断积累，异彩纷呈。

生态共治　　　生态共治　　　生态共治板块讲解
杨　春　　　　甘　霖　　　　视频二维码

北京城市建筑
双年展

BEIJING
URBAN AND
ARCHITECTURE
BIENNALE

人文共享
CULTURE SHARING

"登上景山最高处，京华历历在目。鸽哨相邀，炊烟相招，半城宫墙半城树。"（诗人公刘《登景山》）

美善之极，未可宣言——北京作为一座富有厚重人文底蕴的城市，始终从文化、美学、创意、生活等不同层面，给予人们深刻而独特的人文体验和情感共鸣。

城市的人文精神是复杂而富有层次的，它来自历史的积淀与传承，来自伟大设计所营造出的独特城市意象，来自人们对美好生活的永恒追求与不懈创造，更来自城市由此而迸发出的活力与多样性。

我们建立日臻完善的文化遗产传承体系，精心呵护这座千年古城所凝聚的祖先智慧的灿烂瑰宝，给予人们深刻的文化滋养和心灵启迪；

我们描绘气象万千的城市蓝图，用和谐的基调和多样的韵律塑造起伏的城市意象，纳城市之美入生活哲学，诠释古今交融的城市美学；

我们激活创意迭出的城市文化，让深厚文化积淀与现代城市生活碰撞、交集，掘城市文化凝聚与创造之源，绽放文化创意的时代繁花；

我们营造五光十色的活力场所，用焕然一新的空间内涵和兼收并蓄的外在形式，触动人们更富有激情的创造力与更蕴含温度的城市生活。

"人文共享"版块——是一次对北京人文精神不同侧面的阐释，从赓续城市文脉、营造城市意象、激活文化创意、迸发城市活力的视角，感受由历史走向未来、在包容中蕴含力量的新北京。

数十万年人类繁衍、三千余载城市演进、八百多年都城营建，塑造了古都北京得天独厚的山形水系、纲维有序的空间格局、宏大壮丽的文物建筑、错综复杂的街巷肌理和汤汤不息的城市生活。

北京总体规划提出了四个空间层次、两大重点区域、三条文化带、九个方面的历史文化名城保护体系；名城条例、老城整体保护规划等重要法规、规划相继出台；北京中轴线申遗加速推进；街巷修缮整治、街区保护更新等创新实践不断落地。这一切不仅诠释着千百年传承中的城市文脉，承载着昔日的文明瑰宝，也凝聚着当下的文化自信，更链接着未来的人文创新。

3.1.1 北京历史文化名城保护条例

2019年7月市人大常委会法制办、城建环保办、市司法局、市规自委共同组织，北京市城市规划设计研究院牵头开展《北京历史文化名城保护条例》（以下简称《条例》）修订。2021年1月27日，《条例》在北京市第十五届人民代表大会第四次会议上以全票赞成通过，标志着北京名城保护工作从此进入新阶段。

《条例》修订全面落实党中央、国务院指示精神和相关上位规划，以厘清政府、社会和个人权责关系为关键，以完善名城保护委员会统筹协调机制为抓手，以深化市场和社会主体作用、引导全社会参与名城保护并传承历史文化为根本，通过明确范围"保什么"、明确责任"谁来保"、明确措施"怎么保"、明确规范"怎么用"、明确违法"严厉罚"，为名城保护与疏解非首都功能、优化首都核心功能、合理利用文化资源、改善人居环境相协调提供有力制度保障。

北京名城保护工作的新阶段

编制单位：北京市城市规划设计研究院

文化中心空间布局保障示意图

世界遗产　昌平区明十三陵

历史文化名镇名村　门头沟区斋堂镇爨底下村

工业遗产　石景山区首钢三高炉

3.1.2　北京市长城文化带保护发展规划（2018 年—2035 年）

构建首都北部长城文化带的整体新格局

编制单位：北京建筑大学，北京建工建筑设计研究院

《北京市长城文化带保护发展规划（2018 年至 2035 年）》（以下简称《规划》）是《北京城市总体规划（2016 年—2035 年）》的"长城文化带"专项规划，是北京市推进全国文化中心建设重要成果。《规划》主要内容包括总则、资源构成、价值与现状、规划定位、原则与目标、规模与空间布局、保护长城遗产、修复长城生态、传承长城文化、增进民生福祉、保障措施与协同机制等部分。《规划》确定北京市长城文化带的空间布局结构为"一线五片多点"，以着力改变以往发展模式单一、资源整合不力、经济效益至上、建设投资盲目的现状，构建首都北部长城文化带的整体新格局。《规划》自实施以来，产生了广泛的社会影响，规划的落实正在逐步推进，还需要政府、社会、市民共同理解与行动，通过政策机制、各方参与，推动规划有效实施。

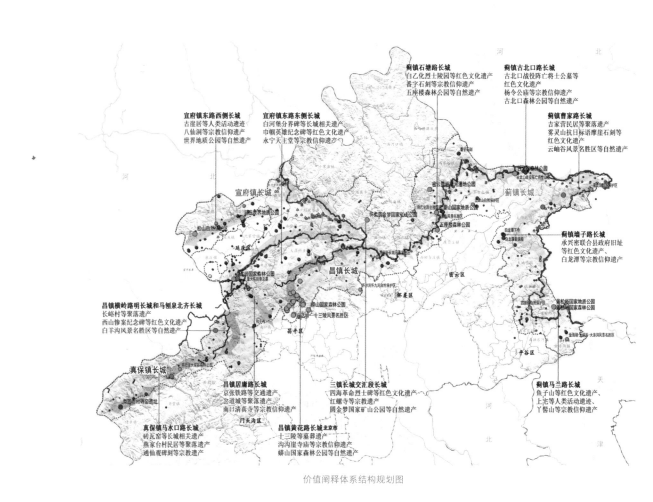

价值阐释体系结构规划图

《大运河文化带保护发展规划》以元明清时期的京杭大运河为保护重点，以元代白浮泉引水沿线、通惠河、坝河和白河（今北运河）为保护主线，以北京城市副中心建设为契机，推动大运河遗产保护与利用，加强路县故城遗址保护，全面展示大运河文化魅力。顺应现状水系脉络，科学梳理、修复、利用流域水脉网络，建立区域外围分洪体系，形成上蓄、中疏、下排多级滞洪缓冲系统，涵养城市水源，将北运河、潮白河、温榆河等水系打造成景观带，亲水开敞空间15分钟步行可达。深入挖掘、保护与传承以大运河为重点的历史文化资源，对路县故城（西汉）、通州古城（北齐）、张家湾古镇（明嘉靖）进行整体保护和利用，改造和恢复玉带河约7.5km古河道及古码头等历史遗迹。通过恢复历史文脉肌理，置入新的城市功能，古为今用，提升北京城市副中心文化创新活力。

展现千年古都风韵、塑造运河生态景观

大运河景观规划意向图（征集方案过程稿）

大运河文化带

市域"绿水青山，两轴十片多点"的城市风貌景观格局
来源：北京城市总体规划（2016年—2035年）

3.1.4　北京市西山永定河文化带保护发展规划（2018年—2035年）

构建"四岭三川 一区两脉多组团"的空间结构

编制单位： 北京联合大学北京学研究基地、中国城市建设研究院有限公司

北京市西山永定河文化带是以京西太行山脉和横亘其中、东南流经平原地区的永定河"一山一水"为基本骨架的宽带状文化区。它是北京市推进全国文化中心建设总体框架的重要组成部分。

《北京市西山永定河文化带保护发展规划（2018年—2035年）》范围涵盖北京市西部和南部8个行政区，规划的主要内容包括：资源特点；发展定位与目标；构建"四岭三川 一区两脉多组团"的空间结构，加强三山五园地区的整体保护、塑造文化与生态共融的两大脉络、强化四岭三川的城市山水格局、打造各具特色的文化生态组团；加强文化遗产保护，推动优秀传统文化创造性转化、创新性发展；推进生态环境保护，修复永定河生态功能；弘扬革命精神，传承红色文化；实施文化项目建设，落实创新引领示范；挖掘文化内涵，形成惠及民生的文化产品；加强文化生态旅游功能，增进绿色共享发展；保障措施等。

北京母亲河——永定河

2017 年 8 月，为落实全国文化中心建设领导小组要求，北京市规划和自然资源委组织开展《北京老城整体保护规划》编制。由北京市城市规划设计研究院和北京市测绘设计研究院共同承担，于 2018 年底完成阶段成果。规划作为重要的保护专项规划，有力支撑了《首都功能核心区控制性详细规划·街区层面（2018 年—2035 年）》的编制，并随核心区控规获得党中央、国务院正式批复后，于 2020 年正式完成。

《北京老城整体保护规划》以整体保护为抓手，聚焦推动老城全面复兴，重点回答了什么是北京老城的整体价值、为什么要整体保护、如何科学合理地保护、如何实现北京老城的伟大复兴四个问题。规划通过分析老城保护更新过程中的问题、挑战和机遇，提出一揽子推动老城保护、治理和合理利用的规划战略、措施和实施任务，助力实现老城保护与发展的和谐统一。

以老城整体保护为抓手，推动老城全面复兴

编制单位：北京市城市规划设计研究院

北京老城传统格局及重要历史节点分析图

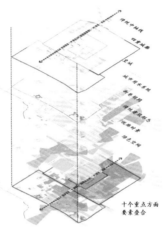

北京老城整体保护十重点要素叠加分析图

皇城鸟瞰意向图
来源：《北京城市总体规划（2016 年—2035 年）》

3.1.6　三山五园地区整体保护规划研究

保护独特的山水形胜整体格局，人与自然和谐的空间秩序

编制单位： 北京清华同衡规划设计研究院有限公司

三山五园地区是对位于北京西北郊、以清代皇家园林为代表的各历史时期文化遗产，独特的山水形胜整体格局，以及人与自然和谐的空间秩序的统称。为整体保护利用好"三山五园"这张金名片，该研究系统梳理了三山五园历史脉络、明确了整体格局，创新构建了整体保护框架，对北京历史文化名城保护体系起到了重要的完善作用。全面优化整体功能布局，明确三山五园是能够同时支撑和强化首都四个中心功能的重要区域。创新研究成果内容，突破单一的保护视角和静态思维，重点加强了城市治理、重大项目落地、近期行动计划等分析，全面对接城市治理与实施行动。研究团队采用多专业协作方式，多年来持续深耕于三山五园地区，研究成果作为三山五园地区第一个全面系统的整体保护研究，陆续为新版北京城市总体规划、分区规划提供了有力的支撑。

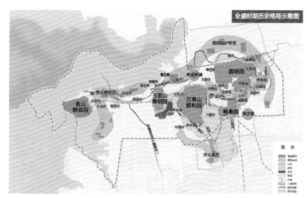

全盛时期历史格局示意图

"山水形胜"整体格局保护示意图

三山五园地区（局部）意向图
来源：《三山五园地区整体保护规划（2019年—2035年）报审稿》

3.1.7 北京中轴线申遗保护整治实施规划

北京中轴线是北京空间格局与城市功能的统领，是中国传统文化活的载体，代表着东方文明古都规划建设的最高成就，中轴线申遗是全国文化中心建设的重要内容。市委书记蔡奇在调研中轴线时指出，"（中轴线的）综合整治规划要以问题为导向，采取不同策略进行保护和综合整治，实施分层次管控；抓紧编制中轴线风貌提升设计管理导则，谋划好中轴线申遗综合整治三年行动计划"。为此，北京市于2018—2020年组织编制《北京中轴线申遗综合整治实施计划》《北京中轴线风貌管控城市设计导则》《北京中轴线申遗保护三年行动计划》，为成功申遗搭建扎实有效的规划实施保障。

规划围绕北京中轴线核心遗产价值保护，高标准搭建系统性、靶向性指导遗产区域保护整治工作的实施规划体系；分区分段建立实施类与概念类相结合的城市设计导则，以形象化的管控要求和指引方案，指导中轴线各项风貌整治工作高水平实施；开展形式丰富的专家研讨和公众参与活动，逐步夯实遗产保护的社会共识和文化自信。

保护北京老城的灵魂和脊梁

编制单位：北京市城市规划设计研究院、清华大学建筑设计研究院有限公司

中轴线全景（摄影 北京市城市规划设计研究院）

引导钟鼓楼地区第五立面整治

引导正阳桥考古及历史景观恢复方案

建设中华民族伟大复兴和首都城市建设发展的"神州第一街"

编制单位：北京市城市规划设计研究院、北京市规划和自然资源委员会、北京市建筑设计研究院有限公司

为深化落实新总规，迎接新中国 70 周年华诞，按照市委市政府高水平、高标准规划建设长安街及其延长线的指示精神，开展本次规划编制工作，具有重大的历史和政治意义。本次规划明确长安街及其延长线定位为：以政治性、文化性、人民性为统领，代表中华民族伟大复兴和首都城市建设发展的"神州第一街"。规划首次实现了将北京东西轴线的研究视角由"街"向"轴线功能带"的转变，扩展南北向管控范围，增加了"轴线功能带"的承载空间。在宏观层面，谋定轴线整体格局，对轴线起止、开合、节奏序列、空间尺度、文脉传承提出总体设计思路；在中微观层面，研究轴线优化方向，对沿线的用地功能、城市风貌、公共空间、道路交通提出详细设计要点，最后分三个层次明确实施台账，建立实施的长效机制。长安街规划凝聚着一代代首都工作者的智慧和深情。继承、前瞻、永续，这条承载着国家复兴与民族自信的"神州第一街"，将展现出更为雄伟壮丽的画卷。

鸟瞰照片 1

鸟瞰照片 2

复兴门节点效果图

长安绿带效果图

3.1.9　北京崇雍大街城市设计与整治提升工程设计

崇雍大街位于北起雍和宫，南至崇文门，所在的天坛至地坛一线文物史迹众多、历史街区成片，是展示历史人文景观和现代首都风貌的形象窗口。北京市委书记蔡奇、副市长隋振江在考察老城街区更新时指出：要以崇雍大街和什刹海地区为样本，推进街区更新。技术团队跳脱过去"涂脂抹粉"的思维桎梏，以综合系统的视角，统筹考虑居住环境、交通出行、公共服务、对外交往、文化展示、旅游形象等多种功能需求，规划设计对象也由之前单纯的物质环境向社会、文化、经济等多维度拓展。项目以人民群众为中心开展系统施治，通过举办设计竞赛、设立实体"崇雍客厅"、开展多样化公众参与活动，搭建共治、共建、共享的开放平台，充分体现了"人民城市为人民"的理念。中央电视台、新华社、北京日报等数十余家媒体，相继对改造进行了专题报道，社会反响强烈，是落实北京总规对老城疏解促提升的新要求、探索北京老城走向有机更新、可持续治理模式的标杆项目。

京韵流长，大市新生

编制单位：中国城市规划设计研究院、中规院（北京）规划设计有限公司

改造前后的崇雍大街（撰稿、制图：孙书同，摄影：方向）

3.1.10　鼓楼西大街街区整理与复兴计划

棠影健步，槐荫悦骑

编制单位： 北京德源兴业投资管理集团有限公司、北京市建筑设计研究院有限公司

鼓楼西大街位于什刹海北岸，全长约 1.7km，是北京老城内唯一一条人为规划的斜街，是元大都重要的历史遗存。

鼓楼西大街在"城市复兴"理念下编制了首个街区整理与复兴三年计划，设置了首个对外开放展示中心，在北京老城提出了首个"稳静街区"公共空间提升理念，是《首都功能核心区控制性详细规划（2018年—2035年）》批复后，首个完成更新亮相的历史街区。

经过三年的整治提升，这条近 800 年历史的最老斜街换新颜，在保护历史风貌的同时，打造高品质文化休闲区，改善居民出行体验。德源兴业集团遵循古都历史风貌保护的要求，抽调集团内部富有古建建筑经验的老工匠进行技术把关，采取传统工艺、材料和做法，开展了鼓楼西大街立面整治工作，同时鼓楼西大街街区整理与复兴计划还开展了公共空间提升、交通停车治理等多项街区整理提升工作，可谓"千年斜街，古韵新生；棠影健步，槐荫悦骑；寻巷入海，闻鼓听钟；远客近邻，童叟共融；赏门访院，探史览胜；家和业兴，首善千秋"。

改造后的鼓楼西大街

3.1.11 东四三条至八条历史文化街区保护更新

东四三条至八条历史文化街区保护更新项目始终坚持"保护为主、抢救第一、合理利用、加强管理"原则，保护了老城棋盘式道路网的骨架和胡同格局，推进了老城的保护与复兴，实现了街区功能、业态、环境、治理水平提升和群众生活水平的"五个提升"。

街区保护更新坚持贯彻规划先行系统观念，发挥专家、责任规划师作用，引领街区保护更新工作方向；发扬"工匠精神"，营造传统建筑营造工艺的传承基地与四合院建筑活态博物馆；多途径营造胡同绿色微景观，建设生态宜居、人与自然和谐共生的历史文化街区；贯彻绿色出行和健康市政理念，推动安宁街区和生态街区建设；在历史街区保护中凝聚文化共识，推动多元力量参与历史文化保护、传承与发展；促进基层共治与空间营造有机结合，实现街区保护更新实施过程中的共建、共治、共享。

老城的营造法式

编制单位： 北京市东城区人民政府东四街道办事处、北京市城市规划设计研究院、北京工业大学建筑设计与城市规划学院等

东四四条西口整治前

东四四条西口整治后

东四胡同博物馆改造后

花友汇居民参与绿化活动

3.1.12　南锣鼓巷雨儿胡同综合整治提升

建筑共生、居民共生、文化共生

编制单位: 北京市建筑设计研究院有限公司、北京市城市设计与城市复兴工程技术研究中心、北京市古代建筑设计研究所有限公司等

雨儿胡同位于南锣鼓巷西南侧,毗邻大运河,共有院落 38 个,有近 800 年的历史。2019 年东城区贯彻"老城不能再拆了"的要求,以雨儿胡同为示范区启动南锣鼓巷地区四条胡同修缮整治项目。北京市规划和自然资源委员会东城分局积极统筹推进修缮整治设计工作,搭建了由北京建院牵头的雨儿胡同设计平台,邀请 8 支业界优秀的、对老城负有情怀的设计团队参与雨儿胡同 26 个院落的设计工作。

以"共生院"理念,包含建筑共生、居民共生、文化共生,聚焦居住功能,以留住户为中心进行设计,融合传统建造技艺与工业化新技术,腾退空间优先用于补足为本地居民服务的便民服务设施、提升社区活力,实现"老胡同的现代生活"。以"恢复性修建"为原则,在设计中恢复院落格局及历史原貌;挖掘历史文化内涵,保留院落中的老构件;按传统风貌对建筑进行把控,保持做法的多样性,使建筑形态与周边的城市肌理关系和谐。

雨儿胡同共生院内部

雨儿胡同 6 号院室内

雨儿胡同 20 号院

雨儿胡同 25 号院

3.1.13 前门三里河及周边恢复整治项目规划设计

前门东区属于北京历史文化街区，占地 56hm²，基于城市复兴的理念，开展城市更新规划设计。启动三里河水系恢复为契机，以城市设计引领城市复兴，将河道与周边建筑相融合，用生活气息将水系与周边建筑融为一体。保留原有地区肌理，修复街区功能，修缮居民房屋，延续历史文脉，提升街区活力三里河的恢复整治，提升生活环境，进而提高生活品质，焕发新活力。

三里河是北京总规批复后北京老城内第一条恢复的水系。于 2017 年 4 月完成了鲜鱼口以南的建设，全长 800m，河道 1.4hm²。设计中提出"城市修补、生态修复、文脉传承"的理念，再现"水穿街巷"的景观。目前已成为北京新 16 景之首，"正阳观水"一景，是北京老城核心区的城市双修、城市复兴典范。

城市修补、生态修复、文脉传承

编制单位：北京市建筑设计研究院有限公司

前门三里河及周边水系恢复设计 1

前门三里河及周边水系恢复设计 2

3.1.14 北京市西城区白塔寺地区规划实施研究

2017
市优

城市共创

寻找街区保护与民生
改善的平衡点

编制单位：北京市城市规划设
计研究院

白塔寺地区地处北京市西城区，位于"最美大街"朝阜线西端头的阜成门内历史文化街区。街区内不仅有建成 700 余年的元大都"镇城白塔"，更有大片原貌保存完整的传统居住街区和近现代形成的鲁迅博物馆、人民公社大楼，是北京老城内最具标志性和代表性的城市地区之一。

为了给多重矛盾、多重任务高度集中的历史街区保护更新寻找出路，亟须协调名城保护、民生改善与地区发展三者关系。研究审视现有法定规划可操作性，以指导近期工作、推动渐进改善为出发点，探索历史街区实施规划编制新思路；以微更新、微循环实现街区基础设施重大提升，寻找街区保护与民生改善的平衡点；推动新工程技术手段落地，最大化利用胡同有限空间，实现基础设施升级；建立持续跟踪街区规划建设的工作机制，发挥规划长期引领作用。

白塔寺

城市共创
CITY CO-CREATION

110

3.1.15　法源寺文保区保护提升项目

法源寺历史文化保护区位于牛街街道东侧，占地约 16.16hm²。街区历史悠久、史迹丰富、文化独特、会馆云集，是北京建城史，尤其是唐幽州、辽南京的重要历史见证。

宣房大德公司贯彻落实《北京城市总体规划（2016 年—2035 年）》，打造法源寺历史文化精华区，以实现街区文化遗产的保护、传承和复兴为目标，深入挖掘片区历史文化内涵，专项研究历史文化遗存保护和活化利用方案，同时开展市政专项、交通专项、产业策划等技术研究。公众参与式营造，成立"民意会客厅"，邀请居民在规划、施工等各阶段参与座谈，为项目积极献计献策，搭建"共建共治共享"平台。积极开展名城保护活动、社区绿化认养等。通过科技创新打造智慧应用管理运维系统、提升街区综合治理与智慧化水平。聚焦"七有""五性"，补足街区功能短板，引导街区业态升级，服务高精尖产业，促进职住平衡；混改并购，引入民营资本和专业管理团队，实现房产的改造升级，打造街区业态标杆。积极打造文化彰显、百姓宜居、生态绿色、智慧高效、代际传承的历史文化精华区。

文化彰显、百姓宜居、生态绿色、智慧高效、代际传承

编制单位： 北京宣房大德置业投资有限公司

西城区法源寺更新计划

3.1.16　菜市口西片区老城保护和城市更新

北京市首例申请式退租和申请式改善试点项目

编制单位：北京金恒丰城市更新资产运营管理有限公司

菜市口西片区老城保护和城市更新试点项目位于西城区菜市口十字路口西南角，项目范围北起广安门内大街，南至法源寺后街，西起教子胡同，东至枫桦豪景。片区历史文化悠久，士人文化、会馆文化、名人故居文化等特有风貌汇聚形成具有独特意蕴的宣南文化，是宣南文化的承载地。

北京市首例申请式退租和申请式改善的试点项目是金恒丰公司在菜西片区进行城市更新的第一站，以此为起点，金恒丰公司打造了一种生态和商业双向延长的可持续发展模式。在完成申请式退租以后，开启申请式改善，极大地改善居民的居住环境，同时做好老城保护和公共设施提升，再利用退租的可利用空间布局多元商业业态。为了长效保障片区的人居环境和商业运营，金恒丰公司引入智慧物业管理，开启智慧社区新时代，实现管理的可持续；补充公共设施，提升配套建设，实现环境的可持续；保护明清胡同和宣南会馆的历史印迹，实现文化的可持续；打造共生院落，推动退租院落盈利发展，实现经济的可持续。

以申请式退租为起点，以片区居民的幸福生活为目的地，金恒丰公司一直在城市更新可持续发展的道路上前进着。

谢枋得祠

新侨三宝乐面包店

萤火虫砖著咖啡厅

永庆胡同 17 号院短租公寓

"四名汇智"计划是北京市西城区名城办、历史文化名城保护促进中心与名城委青年工作委员会在2017年创立的名城保护行动支持计划，旨在支持和培育社会力量、推动共识建立、助力名城保护。"四名"指"名城、名业、名人、名景"，代表西城区名城保护的独特工作体系；"汇智"指汇聚政府、企业、社会多方资源。

从2017年到2020年，在"四名汇智"计划的带动下，公众参与历史文化名城保护的范围持续扩大，活动丰富、团队多样，呈现了异彩纷呈的发展态势。汇集超249支社会团队，举办了超过五百场以名城保护为主题的社会自发活动，积累形成了三百种文创产品、五十余段音频、三十余部微电影、上百场城市探访活动、几十万字的深度访谈记录，支持图书出版3本、出版书籍1本，形成"四名汇智"计划专题纪录片1部。丰富的成果体现了名城保护自发团队的热情投入与专业能力，借助公众的力量，"四名汇智"计划得以用有限的资金产生巨大的社会价值。

名城保护的智力众筹

组织单位：北京市西城区历史文化名城保护办公室、青年工作者委员会、北京市西城区历史文化名城保护促进中心

2017年4月8日 第一批入选团队合影

2017年12月17日 团队合影

2018年12月15日 团队合影

四名汇智计划2019年1月在故宫举办名城保护的智力众筹公益展览

3.1.18 名城保护 · 大家谈

为全国文化中心建设营造舆论氛围

编制单位：北京市规划和自然资源委员会

北京市规划与自然资源委员会"北京印迹"平台发起了"名城保护·大家谈"活动，旨在搭建北京历史文化名城保护共享共建平台，交流观点、汇聚智慧、凝聚共识、探索未来。从 2019 年举办首届至今，已成功举办了两届。

2019 年第一届"名城保护·大家谈"以"北京历史文化名城的保护与发展"为主题，邀请邱跃、吕舟、孔繁峙等 7 位活跃在名城保护一线的专家学者们，结合自己的研究与实践，向市民讲述北京故事、展现北京文化，共同探讨北京历史文化名城的保护与发展，一起探索城市历史文化的传承与复兴。

2021 年第二届"名城保护·大家谈"活动以重新制定的《北京历史文化名城保护条例》（以下简称《条例》）颁布施行为背景，聚焦《条例》修订要点、历史文化名城保护重点、责任规划师参与推动历史文化名城保护工作等热点话题，聚集"两区三带"保护、研究工作的代表人物，深入探讨北京历史文化名城保护工作，面向全社会宣贯解读《条例》精神，推动历史文化名城保护理念深入人心。活动包括"大家谈""青年说""少年志"三个部分，让关注、支持、参与北京历史文化名城保护的老中青三代人士齐聚一堂，共同探讨北京历史文化名城保护与发展，为全国文化中心建设营造良好的舆论氛围。

汇聚众多专家智慧

"名城保护·大家谈"活动视觉标识

活动开幕仪式领导合影

名城保护·大家谈

整体保护·青年说

三山五园·少年志

"望山亲水、两轴统领、方正舒朗、庄重恢弘"的大国首都基调，"包容创新、古今融合、丹韵银律、活力宜居"的世界名城特色，浑厚博大、典雅庄重的城市空间格局，显山见水、乡野相融的名镇名村，蓝绿交织、水城共融的城市副中心，林林总总构成今天诗意的北京。

为彰显大国首都形象，助力北京建设世界文化名城，系统性开展大到城市、地区，小到屋顶、立面的城市设计工作，建立城市风貌管控的科学决策管理平台及协同管理机制，构建完善的城市设计体系及实施路径，体现城市精神、提升城市魅力、展现文化自信。

本次工作开展过程中广泛汇聚专业技术力量，充分征求业内专家见解，深入了解市民公众认知，确定了北京城市基调与多元化的内涵特征，即望山亲水、两轴统领、方正舒朗、庄重恢弘的大国首都基调特征；包容创新、古今融合、丹韵银律、活力宜居的世界名城多元特色。解读了可感知、可辨识的城市特色，形成了规划管控体系与行动计划，为北京下阶段的规划建设提供战略引领，为"以规划设计引领价值导向、凝聚社会共识"的精细设计与管理提供了技术支撑和实操路径。研究形成的《北京城市基调与多元化白皮书》以专业技术研究为基础，绘制生动有趣、通俗易懂的漫画图解，形成图文并茂、中英双语的特色成果，为促进规划宣传、向公众科普城市设计工作提供了一条有效途径。

望山亲水、两轴统领、方正舒朗、庄重恢弘的大国首都基调特征；包容创新、古今融合、丹韵银律、活力宜居的世界名城多元特色。

编制单位：北京市城市规划设计研究院、北京市规划和自然资源委员会、中国美术学院、中国城市规划设计研究院、北京市建筑设计研究院有限公司、北京清华同衡规划设计研究院有限公司、中国中建设计集团有限公司、中国建筑科学研究院有限公司、中国中元国际工程有限公司、北京土人城市规划设计股份有限公司、中国建筑设计研究院有限公司、华通设计顾问工程有限公司、中央美术学院、北京市弘都城市规划建筑设计院

世界名城多元特色
——包容创新

大国首都基调特征
——两轴统领

世界名城多元特色
——古今融合

大国首都基调特征
——庄重恢弘

3.2.2　北京城市色彩城市设计导则

丹韵银律

编制单位：中国美术学院风景
建筑设计研究总院

"紫禁城的红墙、金色的琉璃瓦、深红的廊柱、墨绿的古柏、汉白玉的雕栏……这些色彩总是异常分明。"这是老北京城留给鲁迅的色彩印象。城市色彩体现着一座城市的气质与魅力，是城市个性的表达，并见证其独有的历史记忆。

北京城有着 3000 余年的建城史、800 余年的建都史，作为今日中国之政治中心、文化中心、国际交往中心、科创新中心，这座城市应如何为自己确定整体"色调"？

北京给出了官方答案：丹韵银律。

从北京历史、人文、地理、民俗等角度出发，经过大量现场调研，梳理和提取出城市关键色谱与色域，确定北京城市色彩主旋律为"丹韵银律"。从色彩学的语境看，它由"丹韵"引导的红色系与"银律"引导的灰色系两大色系构成；从现实景观的视觉感受来看，"丹色"之暖与"银色"之冷和谐交融、互为补充、相辅相成，构成了北京城相得益彰的色彩主基调。

《北京城市色彩城市设计导则》作为北京城市总体规划引领下的一个特色专项设计导则，以研究首都所在地的地理地貌生态资源的色彩特性以及梳理城市文化历史文脉特色为基础，揭示城市发展历程导致城市风貌形象发生变化的规律，探讨城市色彩所依附的载体，诸如街道、建筑、广场、设施、绿化带、甚至夜间亮化工程等呈色的可塑性，研究城市色彩规划在宏观、中观和微景观层面色彩所呈现的美学意义的特点、特性，以及色彩相关规划与设计、营造与管理的可能性等一系列课题，为城市风貌特色及品质的传承与创新提供理论依据和方法系统。

城市色彩规划从城市美学出发，以色彩学为技术平台，关注城市风貌特色与景观形象品质，涉及城市规划学、建筑设计学、艺术设计学、植物学等与城市风貌相关领域的色彩构成问题，目的是创构一个适应我国城镇化进程特色的综合运作的城市色彩管理方法体系。

1 建国之前

红黄金碧 灰瓦素城

传统建筑规制完整，色彩等级明确有序。皇家皇城红墙黄瓦，彩绘鲜明的等级森严；民居朝阳灰瓦灰墙，整体城市外累内彩。

2 建国至改革开放

暖韵低艳 大城经典

新中国成立，"十大建筑"引领，路网纵横、公建民居有序兴建，公建多用天然石材，民居砖瓦与涂料兼施，城市总体呈暖灰色基调。

3 改革开放至2000年

丹色米调 晶石交辉

改革开放以后，丹色和米色两建筑材料被广泛应用，大型商业综合体密现，街道不断拓宽，多元多样高楼林立，体量高大。反射率高的玻璃、金属等新型建材日趋增多，城市色彩风貌趋向透明。

4 2000年至今

银辉清新 熠城彩市

自21世纪初，金属构件与淡蓝色体、微绿色玻璃幕墙被广泛使用。城市色彩风貌，继续向新颖多变、银辉清新感方向发展，熠城彩市正在成为新建城区色彩风貌的一个趋势。

1949 年之前　　1949-1979 年　　　　1979-2000 年　　　　　　　2000 年至今

北京建筑色彩发展历程

现代航务商业建筑色彩

现代居住建筑色彩

从	从	从	从
干城一面	色彩混乱	建设者单一决策	简单管理
转变为	转变为	转变为	转变为
彰显特色	**协调有序**	**协同共治**	**平台科学管理**

在快速的城市化进程中，建筑形态以及材料选择在顺应时代发展的同时，不约而同地遇到了地域特征消失问题。首都的城市色彩需从自然地理、历史人文和民俗文化的角度出发，挖掘地域色彩基因，彰显首都色彩特征，缓解干城一面的问题。

北京城市色彩现况普遍存在用色随意、搭配混乱、秩序感缺失的问题。针对现况进行综合分析梳理，提出切实可行的色彩整治意见，协调区域用色范围，对色彩变化节奏、色彩搭配方式进行统筹考虑和安排。

城市色彩涉及众多的城市建设者、使用者和管理者，以往建设者单一决定建筑色彩的模式难以满足城市规划管理以及使用者的诸多要求，应坚持以城市色彩管理为主导，紧密围绕建设者和使用者的实际需求，建立政府、市场、社会对城市色彩的共建、共治、共享的协同管理机制。

北京现阶段对于城市色彩的管理处于起步阶段，城市发展过程中遇到的种种色彩问题，其复杂和重要程度都对管理部门提出了极高的要求。坚持科学管理方法，建立城市色彩管理平台，创新切实高效的色彩管理流程已是迫在眉睫的需求。

导向与转变

3.2.3　北京市城市设计导则

彰显首都风范、强化古都风韵、展示时代风貌

编制单位：北京市城市规划设计研究院

《北京市城市设计导则》结合北京市实际，着眼于格局构建、功能融合、风貌塑造、文化传承、空间精细化和人性化提升，以塑造有特色、有品质、有人文关怀的城市空间环境为目标，对各级各类城市设计相关工作提出指导和引导要求。

总体指导要求：

一 彰显首都风范

1 塑造庄重有序、大气恢弘的国家形象

2 营造绝美壮阔、天人合一的山水格局

3 彰显富有特色、高识别性的对外交往中心

二 强化古都风韵

1 守护底蕴深厚、独一无二的名城精华

2 刻画脉络清晰、串古联今的文化线带

3 保护记录历史、感知文化的多维载体

4 塑造古今协调、形象得体的古都风貌

三 展示时代风貌

1 营建亲切宜人、便捷舒适的宜居街区

2 塑造复合共享、别致有趣的公共空间

3 打造创新智慧、全球知名的城市亮点

中轴线——景山北望

前门三里河公园

雁栖湖

基于色度学、色彩心理学和城乡规划学等理论，构建"城市—街道—建筑"三级城市空间的城市色彩感知数据模型框架。重点针对北京老城区，通过模糊神经网络和 K-means 聚类算法，对大规模街景图像进行分析处理，结合传统调研修正系数，形成符合人类视觉心理兼具实施指导意义的色彩谱系图。

构建的城市色彩数据模型可普遍运用于城市设计和色彩研究。实时影像形成色彩映像谱系，适用于城市色彩规划、城市文化宣传、视觉传达等；物卡比色形成建造层面色彩谱系，适用于规范建筑色彩设计、景观色彩设计、城市色彩管理等；分光测色仪精细测量数据适用于城市修缮。融合构建的"城市—街道—建筑"三级色彩评估分析标准，可为城市精细化治理提供管理依据。

基于模糊神经网络的"城市—街道—建筑"尺度色彩谱系

编制单位： 北京市城市规划设计研究院

首都功能核心区城市色彩地图

顺义新城总体城市设
计——建筑风貌专题
研究

编制单位： 中国城市发展规划
设计咨询有限公司

研究成果由《顺义新城建筑风貌专题及重点地区建筑设计指引》（以下简称《指引》）和
《建筑设计指导手册》（以下简称《手册》）组成。《指引》作为《顺义新城总体城市设计》
中的重要组成部分，结合顺义地方实际对新城建筑风貌提出总体思路与控制要求，通过风
貌控制强化顺义城市形象特征、增加城市风貌的多样性、避免城镇化过程中地方文脉的弱
化或者原有乡愁的丧失，也为了在城市精细化管理中赋予高品质的建筑、景观项目完善的
实施平台。《手册》以风貌专题研究为支撑，明确总体空间格局、建筑设计导则及其在规
划管理中的地位，为下一步规划审批提供合理依据和有力支撑。

根据总规对各个组团的功能定位，结合
现状和规划土地使用情况，城市宏观风
貌重点形成。

十三个风貌分区

	功能分区	所在组团
工业	牛栏山都市工业风貌区	牛栏山组团
	马坡都市工业风貌区	马坡组团
	先进制造工业风貌区	老城中心组团
	西侧临空工业风貌区	机场组团
	李桥临空工业风貌区	机场组团
配套服务	老城中心综合配套风貌区	老城中心组团
	潮白河配套风貌区	老城中心组团
	后沙峪空港综合配套风貌区	空港城组团
商务	国门商务风貌区	机场组团
	马坡行政商务中心风貌区	马坡组团
居住	温榆河生态居住风貌区	空港城组团
科教	牛栏山科研教育风貌区	牛栏山组团
物流	南法信现代物流风貌区	机场组团

风貌分区

牛栏山组团	A1 牛栏山都市工业风貌区	老城中心组团	C1 老城中心综合配套风貌区	机场组团	D1 南法信现代物流风貌区	空港城组团	E1 后沙峪空港综合配套风貌区
	A2 牛栏山科研教育风貌区		C2 潮白河配套风貌区		D2 机场李桥临空工业风貌区		E1 温榆河生态居住风貌区
马坡组团	B1 马坡都市工业风貌区		C3 老城先进制造工业风貌区		D3 机场国门商务风貌区		
	B2 马坡行政商务中心风貌区				D4 机场西侧临空工业风貌区		

3.2.6 重点地区景观提升工程（香山周边地区景观建设工程）

项目位于"三山五园"地区的西端，由旱河路经香泉环岛至香山公园东门，是西山风景区的入口门户之一，也是国内外游客到达北京市植物园和香山公园，以及新落成的香山革命纪念馆的最主要通道。作为中国革命胜利前夕中共中央所在地，香山周边地区以庆祝新中国成立 70 周年为契机，文化保护与生态修复并行，多元化探索城市空间"量变"到"质变"的更新途径，运用"城市微更新"的改造模式，以实现人民幸福为目的，打造一种有温度的城市改造新模式。

项目实施后，街道传统格局得以很好保留，整体环境风貌和城市界面与生活品质得到极大改善。香山红色精神融入艺术与环境，实现生活化教育与展示，空间美育的成效逐步实现，擦亮了首都"金名片"，被评为"十大北京最美街巷"之一。同时，因其改造要素层面的高度复杂性与全面性，对于存量更新发展的方向与研究提供了实际的参考与探讨价值。

一种有温度的城市改造新模式；"十大北京最美街巷"之一

编制单位：中国中建设计集团有限公司

建成后实景照片（摄影：高清）

3.2.7　北京城市副中心行政办公区及配套生活区地名规划
　　　（2016—2035年）

2019
市优

旧地名能留则留，以示乡愁——蔡书记批复保护原有地名文化遗产，弘扬当地历史悠久、多河富水、漕运和京东重镇的文化身份和文化记忆，以延续地方文脉和寄托乡愁。塑造体现现代生态园林城市的诗意地名，以彰显北京作为全国文化中心的地名文化特色。

党中央提出，要以创造历史、追求艺术的精神进行北京城市副中心的规划设计建设。《北京城市副中心行政办公区及配套生活区地名规划》着重体现了中国文化基因、北京地域特色，建立了具有地域特色、好找好记、照顾习惯、便于管理的地名系统。

规划注重地名文化遗产保护，做到"旧地名能留则留，以示乡愁"。规划保留了区域内的所有村名，用于道路、小区、桥梁的命名。

规划一方面通过保护原有地名文化遗产，弘扬当地历史悠久、多河富水、漕运和京东重镇的文化身份和文化记忆，以延续地方文脉和寄托乡愁；另一方面阐述未来行政及其附属功能、生态营造特色，塑造体现现代生态园林城市的诗意地名，以彰显北京作为全国文化中心的地名文化特色，满足未来城市发展需求。

编制单位：北京大学城市与环境学院

镜河

通源桥

镜河初雪

运河东大街

3.2.8　门头沟区村庄民宅风貌设计导则

门头沟是北京市乡村风貌保存最为完好的地区，是北京乡愁最集中的承载地，独特的山川地貌与深厚的历史文脉沁染、孕育出门头沟独具特色的村落文化，形成了带有生态性、历史性、文化性的鲜明村庄风貌特征，是极具北方传统民居特色的"京西古村落群"。

该导则作为北京市第一个针对村庄民宅风貌建设的设计导则，认真落实新时代背景下的新要求，紧密结合乡村振兴、北京城市总规、美丽乡村建设战略部署，针对门头沟村庄风貌与民宅建设的各项要素制定一系列具体要求，形成多个有针对性的规划成果（导则、设计图谱、村民手册），便于各层级指导村庄风貌建设及民宅的改造与更新。同时导则注重探索刚性管控与弹性引导相结合的新模式，突显该导则的宣传性、教育性、普及性、带动性、可实施性及示范性作用。

京西古村落群、北京市第一个针对村庄民宅风貌建设的设计导则

成果形式：导则、设计图谱、村民手册

编制单位： 北京北建大城市规划设计研究院有限公司

爨底下村

52 号院院落内部效果图

39 号院院落内部效果图

鸟瞰图

"文化创意"往往在城市悠久的文化积淀与人们对美好生活追求体验需求的碰撞与结合之中产生。激活城市的文化创意功能，既是城市文化延续之需，也是城市功能回归之需。对一座城市文化创意的品牌塑造，关乎人们如何进入、了解、感知、进而与城市共情，是城市历史文化、制度文化、精神文化所折射出的包容力、传承力、创造力、转换力，以及对外交往中产生的辐射力。

对新首钢、798 艺术区·751D·PARK、北京时尚设计广场、郎园vintage·park·station 等工业遗产的活化，对什刹海、先农坛、大栅栏、北海等文化探访路的打造，在愈发成为城市文化凝聚力和创造力之源泉的同时，不断构筑城市文化新业态，助推城市空间更新，带动区域产业升级。

3.3.1 首钢老工业区转型发展规划实践
——北区详细规划

始建于1919年的首钢集团，于2011年1月13日正式停产。独特的区位、历史和资源优势，筹办2022年北京冬奥会的重大机遇，规划团队十余年不懈探索，凝聚成首钢北区实践成果。

规划实施"总—控—行"联动体系，引领全过程转型发展，总体战略层面，开展战略研究，凝聚共识；控规和专项规划层面，聚焦复兴理念，引领创新；规划实施层面，探索"多规合一"，精准实施。坚持城市复兴，推进文化融合传承，实现文化复兴；注重生态修复治理，实现生态复兴；引导创新驱动发展，实现产业复兴；坚持共建共治共享，实现活力复兴。创新规划机制，搭建"首钢规划设计与实施管理协作平台"，探索控制性详细规划层面的"多规合一"，实现专项方案协同，便于推进协同审批。

畅通出行服务链条，保护资源管理本底

编制单位：北京市城市规划设计研究院

首钢北区鸟瞰图

3.3.2　北京市 751、798 文化创意产业园区规划研究

城市工业区孕育出文
化艺术活力的先锋

编制单位：北规院弘都城市规
划建筑设计研究院有限公司

"一五"期间由民主德国援建的国家重点工程，历经规划改造，打造为文化科技融合发展的 798 艺术区及 751 北京时尚设计广场后，迸发出了惊人的活力。

规划在整体保护园区工业特色的基础上，调整路网布局，划定步行街区，改善区域交通；落实规划城市绿地，改善园区生态环境；文化科技相融合，建设智慧园区；结合闲置厂房与设备，新建与改建六大文创设施，推动园区文创产业发展；在落实总体规划减量提质的基础上，调整落实规划指标，满足园区近期发展需求，打造文化科技融合发展的文化创意产业发展示范区。

园区鸟瞰图

园区街道

储气大罐改造

园区夜景

郎园 Vintage · Park · Station 是首创郎园在北京以轻资产运营打造的文化园区品牌。秉持"让文化为城市点睛"理念，郎园 Vintage 聚焦精品文化，将北京万东医疗设备器械厂改造为承载文娱科技产业、传递城市公共文化的 CBD 世外桃源。郎园 Park 聚焦居民文化，将石景山博古艺苑工艺品市场及北方旧货市场，更新为汇集文化餐饮休闲功能的公园式家庭成长乐园。郎园 Station 聚焦国际交往及潮流文化，将占地面积超过 13 万 m² 的北京纺织仓库，改造为滨水国际文化消费小镇。

园区运营理念经历四次迭代，1.0 时代注重企业选择，培育"鱼塘生态"；2.0 时代融合社区活动，提供良阅、虞社、兰境等文化设施向城市开放；3.0 时代打造"城市文化公园"，提供空间 + 内容运营的文化服务供给模式；4.0 时代打造"文化消费公园"，将文化消费与产业融合发展，用文化激活商业、换新城市经济。

文化驱动下的城市更新实践

编制单位：北京首创郎园文化发展有限公司

郎园改造前后对比

3.3.4　北京市旅游设施布局专项规划

畅通出行服务链条，
保护资源管理本底

转变旅游发展理念，构建由观光景点、休闲娱乐场所、城市公共空间和特色街区等构成的旅游吸引物体系，以及由交通集散、信息咨询、应急救援、商业服务等设施构成的基础性旅游服务体系。

编制单位： 北京市城市规划设
计研究院

本规划在多个层面践行了旅游行业管理与城乡规划的对接统筹。一是统筹旅游服务功能与首都核心职能的关系，确定北京市国际一流旅游城市的发展定位。二是统筹旅游设施布局与城镇体系、交通网络、功能分区的关系，构建"点线面"旅游设施空间布局引导体系。三是理顺旅游设施与城乡用地分类的对应关系，为未来相关土地储备与供应提供了技术参考。四是将规划目标从"多要地、调指标"转向侧重全域旅游公共服务与公共管理，注重设施结构和布局优化，强调旅游管理应从单个部门管理上升到城市治理。

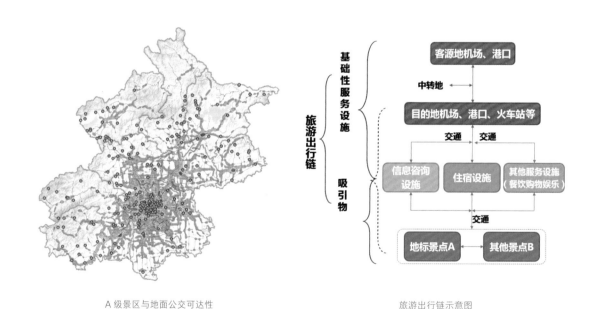

A级景区与地面公交可达性　　　　　　　　　旅游出行链示意图

3.3.5 北京城市副中心文化旅游区规划综合实施方案

环球主题公园是北京市布局的重大产业项目，对实现城市副中心文化旅游主导功能起着重要支撑作用。文化旅游区将依托环球主题公园，建设新型文体旅游融合发展示范区，打造成为北京建设服务业扩大开放综合示范区的重点区域。

本次工作总结文化旅游区十余年规划实施历程，依托 12 组团责任规划师工作平台，打破各传统的"条块分割"工作模式，促成"多规合一"。以环球主题公园的溢出效应作为产业基础，抢抓文化和旅游、文化和科技融合的产业发展机遇，辐射带动周边地区联动发展。进一步在规划实施阶段研究文化旅游区产业功能布局、空间特色营造、配套服务保障、建设开发管控，探索城市副中心重点功能区规划综合实施方案的编制方法与管控思路。

文体旅游融合发展示范区

编制单位：北京市城市规划设计研究院、北京清华同衡规划设计研究院、北规院弘都规划建筑设计研究院、北京市建筑设计研究院

环球主题公园效果图

总体鸟瞰图

曹园南街特色精品街道效果图

土地使用功能规划图

3.3.6　"北京印迹"文化探访路

城市共创

讲好北京故事，让历史文化"活"起来

编制单位：北京市规划和自然资源委员会

为推动北京历史文化名城保护工作，增强历史文化资源展示水平，讲好北京故事，让历史文化"活"起来，"北京印迹"平台特别开展"文化探访路"系列活动。通过专家带领公众一起探访城市空间、探索历史文化的沉浸式、体验式的活动方式，为公众提供历史寻迹、文化探访的特色体验，让公众在漫步城市的过程中了解历史文化及其价值意义，提高保护意识，增强文化自信。

"北京印迹"文化探访路目前已推出了5条精品路线：什刹海——民间的乐园、先农坛——中轴线上的皇家祭祀坛庙、重走进京"赶考"之路、大栅栏·老字号、北海·古桥。逐步形成了一系列探访路线地图、线上科普内容、线下体验课程等专业丰富成果；与此同时，通过全媒体传播及公众互动参与，让更多的人走近北京印迹，探访历史文化。

"北京印迹"文化探访路

什刹海——民间的乐园

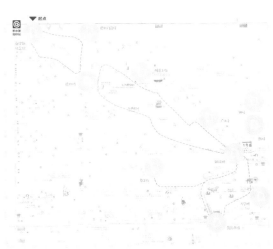

"什刹海——民间的乐园"文化探访路

大栅栏·老字号

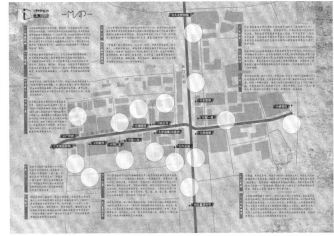

"大栅栏·老字号"文化探访路

北海·古桥

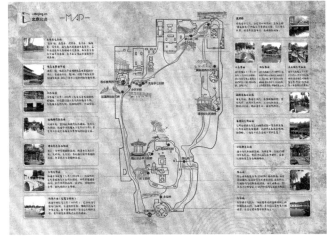

"北海·古桥"文化探访路

3.3.7　2019 年 "丝路大 V 北京行"

城市共创

组织单位: 联合国教科文组织
国际创意与可持续发展中心

2019 年 8 月,创意中心配合北京市人民政府新闻办公室主办的 "丝路大 V 北京行" 活动,联合国教科文组织前战略规划助理总干事汉斯·道维勒,联合国前高级经济官员、全球文化网络总裁梅里·马达沙希和世界设计组织前主席、非洲重要的设计教育家穆甘迪·姆托瑞达以创意中心咨询委员会委员身份参加了本次活动。活动期间,来宾走访了751D·Park、新首钢冬奥场馆、世界园艺博览会展厅、甘家口街道等地深入了解了北京在国际交往、生态建设、民生服务、文化传承与创新等方面所取得的成就,让他们认识了一个传递绿色发展理念的生态北京、一个文化保护与发展并重的人文北京,以及一个节俭办赛的 "双奥之城"。

2019 "看今朝·新中国成立 70 年 丝路大 V 北京行"
活动正式启动(摄影 阮红军)

创意中心咨询委员联合国前高级经济官员马达沙希女士及咨询委
员会主席联合国教科文前战略规划助理总干事汉斯·道维勒先生
参观首钢冬奥场馆

大 V 参观中关村科技园
(印尼摄影师)

创意中心咨询委员联合国前高级经济官员马达沙希女士在参观完
首钢冬奥场馆后接受媒体采访

2019 年 11 月 26 日，创意中心执行主任肖澜受邀参加了第十届中意创新合作周"文化遗产保护与创意设计论坛"活动，做了关于"城市更新中的创意规划"的主旨讲演，分享了白塔寺片区升级改造、首钢工业园再利用和阳光社区的治理与展望三个案例，向意大利创意设计、文化旅游领域的专家、企业推介了北京城市更新中的成功案例。

创意中心执行主任肖澜在中意创新合作周城市更新论坛上与中外来宾合影

创意中心执行主任肖澜在中意创新合作周与意大利嘉宾
进行交流

创意中心执行主任肖澜在中意创新合作周进行主题演讲
分享北京城市更新经验

3.3.9 亚非拉官员培训班

2019 年 12 月，由创意中心与吉林大学公共外交学院主办，北京设计之都发展有限公司协办的 "一带一路" 创意与可持续发展研修班在北京开班，来自亚洲、非洲的 20 多位学员参加了此次培训活动。"一带一路" 创意与可持续发展研修班围绕创意、设计、科技、城市更新、可持续发展等主题，通过讲座、工作坊、实地调研等方式，为来自 "一带一路" 沿线及相关国家的政府官员及从事媒体、文化、教育、城市建设、民间外交等领域的工作人员提供了深入了解中国发展的机会。此次研修班学员们走访了中关村软件园和白塔寺片区，实地考察了北京科技创意产业和工业园区发展，学习了北京城市更新经验。学员们对北京传统文化与现代元素相融合的可持续解决方案，对古都焕发的创意、创新活力表示出了极大的热情。

"一带一路" 创意与可持续发展研修班学员参观中关村软件园

与吉林大学合办首期 "一带一路" 创意与可持续发展研修班 创意中心与全体学员合影

"一带一路" 创意与可持续发展研修班学员在中关村软件园合影

"一带一路" 创意与可持续发展研修班学员参观白塔寺片区改造项目

3.3.10　2021年"百年恰是风华正茂 丝路大 V 感受北京"活动

2021年，创意中心再次参与了北京市人民政府新闻办公室主办的"百年恰是风华正茂 丝路大 V 感受北京"活动。创意中心咨询委员、登喜路前全球形象公关总监、灵雅企业形象咨询公司创始人雅恩·蒙特比参与了此次活动。在几天时间里，来宾走访了北京2022年冬残奥会竞赛场馆、北京城市副中心、张家湾设计小镇、北京亦庄经济技术开发区、中关村国家自主创新示范区、北京坊、杨梅竹斜街、"广艺 +"市民文化中心等地，多角度感受北京古都风韵与当代成就交相辉映的城市风貌，了解了北京为了疏解功能，解决大城市病困扰做出的努力，体会了北京市民的幸福感与获得感。

雅恩·蒙特比先生接受媒体采访畅谈对张家湾设计小镇的期许

雅恩·蒙特比先生就参观大运河北京段的感受接受媒体采访

2021年"大 V 行看北京"活动中，创意中心咨询委员、灵雅企业形象咨询公司创始人、登喜路前全球形象总监雅恩·蒙特比先生参观北京大运河

城市活力根植于城市的文化土壤，形成于城市的生长和人的活动，迸发于城市中的文化、产业、社会、空间与人的良性互动。城市更新其核心要义，即围绕人的需求，以丰富的手段、多元的视角创造生活场景，推动人的交往活力。

创新商业模式、塑造特色空间，通过对文化的阐释和再现，赋予城市场所内涵，激发人们参与城市各项活动的热情。萃取传统文化精髓、提炼文化基因，以内敛、含蓄的手法和开放、包容的姿态兼收并蓄，赋予旧的城市空间以新的时代内涵和现代表现形式。社会多元力量共同参与，对场所精神进行创造性转化与创新性发展，则进一步释放城市文化的潜在价值，不断推动北京成为引领时代潮流的全球活力城市。

3.4.1 王府井商业区更新与治理规划（街区保护更新综合实施方案）

故宫以西、紧邻长安街的王府井，历史底蕴深厚、文化资源丰富，是享誉中外的首都商业金名片，承载了几代人的温馨记忆。新时期，发挥文化带动作用、促进多元功能融合、深化交通问题治理、推动空间品质提升、加强实施管理保障，将王府井塑造成为独具人文魅力的国际一流步行商业街区。

规划转型亮点颇多：一是工作范围从一条商业街转变为商业街区，以街区为单元，激活内部丰富的文化资源，打通外部联动周边重要文化设施，如故宫、隆福寺、中国美术馆等。二是工作深度从地块深入至建筑楼宇、院子、街巷乃至古树，以更精细化的设计和治理推动老城区更新升级。三是工作领域从空间规划拓展为文化、产业、设计、治理等多角度协同，积极探索街区更新的多元方法路径。四是工作模式从终极蓝图式转变为渐进过程式，采取"规划—实践—评估—再调整"的方式不断优化规划方案和实施成效。

首都商业金名片的活力迭代

编制单位：北京市城市规划设计研究院、中国建筑设计研究院、弘达交通咨询（深圳）有限公司、世邦魏理仕

百货大楼

蛇形美术馆（节庆灯光）

主街建筑风貌整治效果图

277号院改造效果图

3.4.2　北京商务中心区规划实施评估及城市更新研究设计

城市共创

商务中心的品质活力
转型

编制单位： 北京市城市规划设
计研究院

北京商务中心区（以下简称"CBD"）已有近二十年的蓬勃建设，创造了规模增长、经济腾飞的辉煌成就。新时期，规划将引领 CBD 未来建设由规模增长向空间品质精细化转变，提升土地价值、激发城市活力，率先向国际一流的"中央活力区"（CAZ）转型。

规划围绕空间功能精准布局、统筹资源有序实施、更新对象分类施策三项城市更新策略，聚焦商务楼宇、居住区、工厂及园区三类城市更新类型。充分利用现有空间资源，高效植入国际化功能板块，实现公共服务设施人性化；因地制宜引导老旧小区、厂区等低效用地功能转化与能级提升；结合重要交通枢纽如东大桥一体化区域形成公共空间网络，串联各级绿色空间、水系、城市节点，实现空间景观精细化。通过与使用者、管理者、第三方咨询机构、专家等调研访谈，与 CBD 管委会共同提出可落地的更新实施路径，形成政策需求清单、机制保障清单和近期任务清单，为更新类街区控规编制提供中微观层面的实践案例，为 CBD 进一步优化存量资源、精细化城市管理提供有力支撑。引导 CBD 成为开放、魅力、健康、韧性的北京对外开放新地标。

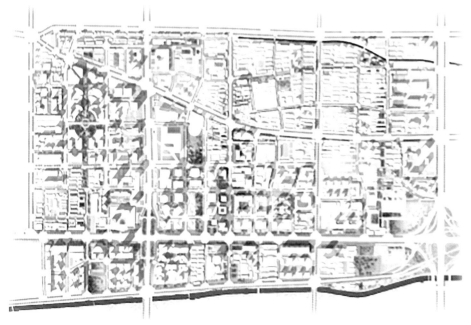

城市更新阶段城市设计平面图

隆福寺位于北京东城，清至民国时期为兴盛的隆福庙会所在，20 世纪 90 年代建成隆福大厦成为京城四大商场之一。2000 年后因业态老旧逐渐衰落，2012 年成立北京新隆福文化投资公司推进城市更新。2019 年一期改造将原百货商场改造为共享办公、艺术体验、休闲消费主导的文创园区，美术馆、啤酒屋、咖啡厅、文创市集将隆福寺地区填充为艺术主题的活力场域。改造追求渐进式、生长式、混搭式和修补完善式理念，采用融入街区、消解体量、激活屋顶、回归开放等设计手法，保留街区历史轴线、场所边界及异质性特征，延续城市发展脉络。2022 年二期改造定位"世界级文化艺术消费目的地"，隆福寺商圈将与故宫、王府井进行"文化金三角"联动，发展为时尚、科技、数字化的国际文化消费新地标。隆福寺更新通过植入新业态吸引新一代消费者回归老城，重现往日辉煌的城市记忆，使街区重新成为城市结构的重要组成部分。

传统商圈的失落与重生

编制单位：中国建筑设计研究院有限公司

鸟瞰新隆福大厦

新隆福大厦顶层空间

B.L.U.E. 事务所设计的原食堂楼立面

新隆福大厦办公大堂

3.4.4 三里屯国际消费枢纽建设的思考

城市商业活力潮流的代言

编制单位：AECOM

长久以来，三里屯地区因其临近使馆区，构成了"北京国际交往的核心地区"，"北京最为国际化的城市商业、餐饮、娱乐地区"；进入 2000 年后，三里屯地区的发展发生了巨大转变，太古里的成功，SOHO 中国的进驻，通盈中心、洲际酒店的落成，在既有餐饮娱乐业态的基础之上，"消费主义"的蓬勃发展甚至是爆炸，为中国城市商业中心区创造了奇迹、建立了范本；却也产生了全球任何一个城市都无法避免的问题——中产化。

生活于此的市民们越来越无法融入三里屯的"潮流""文化"，但城市的发展着实需要这样的"引擎"来驱动……三里屯如何主动回应消费主义城市发展带来的"中产化"现象，抵抗消费主义对日常生活带来的负面影响，并在空间层面形成策略与方案，以策略性的设计动作回应宏观、抽象的议题，找寻并触发本地区继续成长、更新、发展的动力；平衡资本运动与日常生活的关系，以研究与设计的方式坚守"城市权利"与"公共价值"。

问题与挑战应运而生，但，亦是机遇。

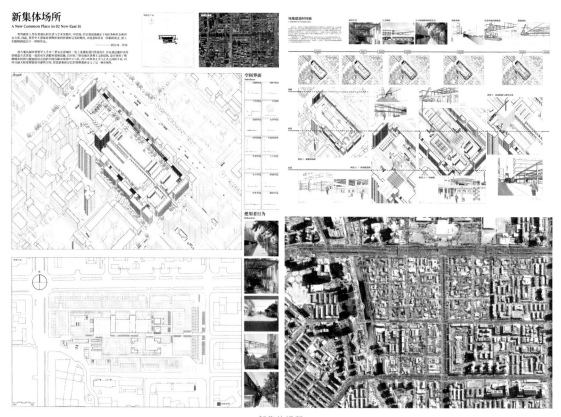

新集体场所

丽都国际街区位于朝阳将台地区西部，总占地面积约 0.75km²。该地区是北京市最早的也是曾经最繁荣的涉外商圈。自 1980 年建成以来，随着经济社会发展，商圈经历了生长、繁荣直至衰退。这里的交通环境、公共空间品质以及商业交往、城市消费、休闲娱乐等空间难以支撑整个区域的国际化氛围和商圈内的高质量生活需要，亟待更新提升。2018 年，朝阳区开展丽都地区城市更新，针对区域交通、环境品质、街道活力等方面，以地道先进的城市更新设计手法，打开围墙壁垒，塑造小街区，织补道路微循环，植入街边场所，活化街道界面，完善区域业态，将废弃林地改造成城市森林公园。再现了丽都地区特色，擦亮了丽都新名片，让丽都再次崛起。

涉外商圈的活力再现

编制单位： 将台乡政府、北京清华同衡规划设计研究院

丽都花园北路改造前

丽都花园北路改造后 1

丽都花园北路改造后 2

丽都花园北路改造后 3

3.4.6 史家胡同博物馆

北京胡同里的文化展示厅、社区议事厅和居民会客厅

组织单位: 朝阳门街道办事处、北京市城市规划设计研究院、中社社会工作发展基金会社区培育基金

史家胡同博物馆位于东城区史家胡同 24 号,于 2013 年 10 月正式对公众开放,是北京首家胡同博物馆。自 2017 年 3 月起,博物馆所属的朝阳门街道办事处邀请战略合作单位北京市城市规划设计研究院共建运营,举办了丰富多彩的规划公众参与和社区培育的项目,举办回家串门儿、胡同声音、漫游记等文化展览,举办名城青苗、史家讲坛、传统教育等活动,推进胡同微花园、南小街 UP&UP、朝阳门 citywalk 等项目,使博物馆成为责任规划师的实践基地,也是东四南活态博物馆保护的落脚点和核心枢纽。目前,史家胡同博物馆已成为老北京、静胡同的探访体验地,在国内外享有很高的知名度。2018 年,史家胡同博物馆在北京旅游网推出的"2018 您最喜爱的博物馆"评选活动中获得第一名,在"2020 首届北京网红打卡地推荐"评选中入选文化艺术类网红打卡地榜单推荐。

博物馆大门

儿童友好游园会

第一展厅

南小街 UP&UP

什刹海城市探索中心，作为众志营城 LINKNGO 孵化的首个城市探索馆线下空间，坐落于北京老城——西城区德胜门内大街。什刹海城市探索中心由众志城市营造促进中心组织，在北京市西城区历史文化名城保护委员会办公室、北京市西城区历史文化名城保护促进中心支持下，与帝都绘共同发起，通过向公众提供开放、共创的场域，鼓励公众以展览、活动、游戏、工作坊等不同的形式参与到城市议题中，并提出自己对城市的看法和理解。

什刹海城市探索中心打破了常规看展模式，而是以"城市探索"为主题，运用创新的参与式"知识策展"与"开源共创"的原则，集学、玩、游乐、研究、共创等多元创新体验式互动于一体的展馆，令观众在融合城市、历史、建筑、地理、科学、设计与新奇想法的同时，在观展中探索体验与学习成长，发挥"人人参与城市"的创造性与能动性。75m² 的展馆包括展览展示，体验交互，共创探索等不同功能，最大程度利用了空间面积，以错落放置的组合木格为基础单元，延展为一座五内俱全的迷你博物馆。馆内还巧妙隐藏了各类观展提示，引发参与者研究探寻的兴趣，动手解决每一个问题。

以城市探索为主题的城市营造与教育创新项目

编制单位：众志城市营造促进中心、帝都绘

什刹海城市探索中心外观 © 李明扬

公众参与的城市探索中心

室内空间轴测图 © 帝都绘

公众参与的城市探索中心

3.4.8　共享际

享见同类，发明生活

共享际是一家城市生活方式内容制造者和领先的城市更新运营者。专注于以内容为核心的城市"空间+内容"运营，通过居住、办公、网红商业IP等不同功能性模块的整合，构建更丰富的内容体验场景，赋能城市空间。目前共享际已运营北京东四、国贸、前门打磨场、房山长阳、大兴星牌等项目；同时还孵化了杂志阅读酒店品牌"念念行旅"、戏剧社区"南阳共享际"、沉浸式密室项目88号工场、体验型文旅农业无瓦营地、PICK1/2EAT美食城等丰富的自有IP内容。

优享创智（共享际）成立于2015年12月。汇集了包括红杉资本中国基金、真格基金、信中利、歌斐资产、新加坡政府投资公司（GIC）、君紫资本、金运电气、中融融优、东方华盖、高榕资本、北极光创投、大宏集团、百福嘉、创合汇、光辉建业、开封文投、星牌集团等数十个顶级投资机构，截至目前，优享创智已完成B+轮融资，估值超50亿元人民币。

念念行旅外立面

念念行旅酒店房间

打磨厂共享际

南阳共享际

"每一次手动翻页带来的空气波动，如同春风拂面。"这就是"春风习习"名字的由来。

作为创新型的独立阅读空间，"春风习习"以品牌优势和内容运营为主要方向，甄选全球范围内的优质出版物为载体，不断举办包括读书分享会、音乐弹唱会、文创市集等各种类型的活动，为读者们提供精神文化生活的养分与享受，持续向城市释放文化品牌的能量与效应。

2019年"春风书院·南锣馆""春风习习读书会·三里屯馆""春风习习杂志馆·念念行旅店"以及2021年"春风习习·嘉兴南湖馆"的陆续开放，进一步满足更多用户的阅读需求，吸引更多的年轻人回归阅读。

【有书皆丽日 无处不春风】——"春风习习"会持续打造更多实体空间，并为线下空间注入文化元素、活化社区的成功模式，对全民阅读进行更广泛的传播。

春风书院

春风习习活动现场

春风书院立面

3.4.10　声音总站

声音总站是由秦思源发起的一个长期的、多面向的艺术项目，它使用声音来探讨社会、文化和记忆之间的关系。始于一个仅以声音探索北京历史的计划，秦思源收录了那些已经消逝但仍被京城的居民铭记的声音，并在北京史家胡同博物馆内设立了声音总站的第一站，以及在位于北京大栅栏的北京坊创建了北京第一件公共性声音艺术作品《声坊》。希望声音总站可以与媒体、公众形成长期的社会互动性项目，让社会成为塑造声音总站未来的重要因素。

O3 Design Studio

由两个设计师王玲、张军杰组成，是北京土生土长的原创设计品牌。

纸雕城市地图是他们将传统的手工剪纸与现代加工工艺相结合的产品系列之一。从 2012 年第一张北京剪纸地图诞生，到现在世界近 200 个城市的产品，已经涵盖全世界绝大部分著名城市。

以机械加工为主，辅以手工，从而达到极致的精细程度。每一件产品从设计、原材料采购、生产到包装，都倾注了他们的心血。

北京剪纸地图

大栅栏剪纸地图

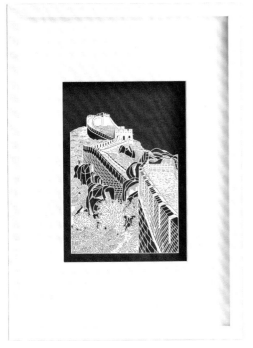

长城剪纸

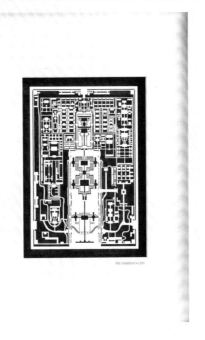

故宫剪纸

天坛剪纸

人文共享学术召集人语

赵 幸
北京市城市规划设计研究院历史文化
名城规划研究所主任工程师
社区培育规划研究中心副主任
北京城市规划学会城市共创中心主任

郭 婧
北京市城市规划设计研究院城市设计
所高级工程师
城市更新研究中心主任研究员
北京城市规划学会城市共创中心副主任

袁 媛
北规院弘都规划建筑设计研究院有限
公司国土空间一所主任工程师

人文共享板块展示着北京这座城市的人文图景。一个城市的人文精神是包含不同层次的，包括它深厚的历史文化底蕴、它高低起伏的城市意象、它与当代文化碰撞产生的文化创意，以及在现代生活中不断迸发的城市活力。因此，本版块以四个篇章展现规划师心中的人文北京。

第一篇章"赓续文化脉络"，展示的是北京深厚的历史文化底蕴和历史文化名城保护体系。2020 年北京市修订出台了北京历史文化名城保护条例，标志着北京名城保护事业进入新阶段。在条例指导下，首都进一步强化了四个层次、两个重点、三条文化带、九类重点保护要素的名城保护体系。其中，独具特色的长城、大运河、西山永定河三条文化带，不但孕育了北京城的生命，更留下了丰富而宝贵的历史文化资源。北京老城和三山五园地区两个重点区域，是世界文化遗产、历史文化瑰宝最集中的区域，我们编制了老城整体保护规划和三山五园地区的保护规划，为重点区域的保护与发展提供依据。

同时，首都城市在发展传承中形成了以两轴为架构的城市格局，这就是北京中轴线和长安街。其中，中轴线现在正在申遗筹备过程中，受到公众的广泛关注。在这里引入一件特殊的展品——1955 年老规划局摄影师拍摄的前门大街立面接片。那时没有数码相机，长长的街景是摄影师将一张一张胶片拼接出来的。接片中真实地记录了当时前门大街的繁华景象，可以看到特色鲜明的店铺立面、招幌牌匾和极具时代特色的行人、车辆。

在历史街区的保护更新部分，重点呈现了两条大街、五个街区的保护更新项目。其中，崇雍大街和鼓西大街采取传统工艺修缮沿街建筑，整理街道断面与设施，营造更适宜步行、自行车的街道环境。以工匠精神修缮胡同门楼的东四历史文化街区，开展城市修补、生态修复实践的前门三里河及周边地区，探索共生院的南锣鼓巷地区，将社会资本引入街区更新的法源寺地区，寻求街区保护与民生改善平衡点的白塔寺地区，以及北京老城第一片试点申请式退租和申请式改善的菜西片区。这些历史街区运用不同的策略和智慧推动着街区历史文化遗产的保护和居民生活的改善。

最后，名城保护离不开公众的广泛参与，为此，北京市规自委推出了"名城保护大家谈"品牌活动，以大家谈、青年说、少年志等不同板块让老前辈与年轻专家、孩子们共同分享对名城保护的理解。同时，西城区发起支持社会力量开展名城保护软性文化活动的公益平台"四名汇智计划",为社会公众参与名城保护创造了契机。

第二篇章"营造城市意象"。这个主题的灵感来源于凯文林奇的一段名言:"我们需要的不是一种简单的空间,而是有诗意、有象征意义的环境,城市给人们提供了汇聚和创造回忆的场所,这种场所感又反过来创造了在此活动的人们的回忆。"诗意的北京,正在以创造历史、追求艺术的精神,通过构建完善的城市设计体系及实施路径,来体现城市精神、提升城市魅力、展现文化自信。

为落实北京总规、彰显大国首都形象、提升城市品质,北京市规划和自然资源委员会组织开展了一系列的城市设计研究工作,逐步建立了城市风貌管控的科学决策管理平台和协同管理机制,推出了一系列城市设计导则,如《北京市城市设计导则》《北京城市基调与多元化白皮书》和《北京城市色彩城市设计导则》等,都以专业技术研究为基础,采用了智能化的数据分析手段,结合公众调查与参与的结果,传达"以规划设计为引领的价值导向"、凝聚"关于北京之美的社会共识",不仅可以作为规划建筑景观设计专业人士的工作手册,更能够成为精细化城市治理的抓手和公众了解北京城市美学的途径。

此外,这一篇章集中呈现首都山水、城乡特色风貌的挖掘和副中心行政办公区地名规划项目,后者将原有村名地名与新时代副中心的空间格局、文化精神诗意又巧妙地融合在一起。

人文共享板块的后两个篇章"激活文化创意"和"迸发城市活力"用一系列鲜活的项目案例,展示如何在保留城市记忆、延续城市文脉的同时能够融合并激活现代人们的文化生活。

第三篇章"激活文化创意"。新首钢、798艺术区·751D·PARK北京时尚设计广场、郎园等项目,通过工业遗产的活化,以文化为驱动力开展城市更新实践,在城市里的工业区中孕育出文化艺术活力的先锋,带动区域产业转型升级。

在北京文化旅游品牌建设方面,《北京市旅游设施布局专项规划》明确指出,北京的文旅已经从单一的景点观光模式转变为点线面相结合的全域旅游与公共服务模式,强调将旅游管理上升为城市治理。已经开展十余年规划工作的副中心文旅区,最近正式迎来环球影城的开业运营,代表着城市副中心在两区建设中的卓越成就。

自2019年至今,北京城市文化创意建设的成果在国际交流中得到了广泛传播。联合国教科文组织也在北京开展了一系列活动,推动北京的文化、科技成就走向世界,与世界各国交流合作。

第四篇章"迸发城市活力",讲述城市更新中,如何围绕"人"的需求,以丰富的手段、多元的视角创造生活场景、推动"人"的交往活力。这里展示了北京传统商圈(如王府井、隆福寺)和新商业商务中心(如CBD、三里屯)如何通过自身的保护与延续成就了新的活力转型,成为城市的潮流代言人。而史家胡同博物馆、什刹海城市探索中心、春风习习等别具特色的小空间,近距离触动着市民参与城市营造活动的热情。

人文共享　　　人文共享板块
赵　幸　　　讲解二维码

4

北京城市建筑
双年展

BEIJING
URBAN AND
ARCHITECTURE
BIENNALE

未来共创
FUTURE CO-CREATION

什么是城市的未来？
怎样共创城市未来？

放眼全球，回溯百年，产业革命、技术革新、金融资本、政治强权与思想精英……成为推动城市快速发展的主力；理性主义、工业文化、社会斗争、人本关怀、人与自然……定义了百年现代城市的生发轨迹。

我们或主动融入或被迫裹挟进这个巨大而复杂的社会组织与经济机器当中。

——今日世界，受困于广泛而深刻的不平等、社会隔离、气候变化、算法与数据霸权，以及多元却极化的社会导致的包容性降低等问题，也面临着技术进步带来的资源重构、经济协作、多元治理、空间共享等重重机遇。

它无比复杂而脆弱，又时刻闪现着希望之光。受技术与商业带来的消费便利，又憧憬着回归简单质朴；既无奈地躺平，又试图改变。

——明日家园，我们往何处去？又如何与城市中的你、我、他／她／它共处？不论未来可知或不可知，城市的未来不可能凭空产生，它深深根植于我们的过去与现在、思辨与行动之中。

这是一个开放的命题。但或许绕不开的是，如何从历史的长河中重拾城市发展宝贵的遗产，从"人的需求"出发，促进"普通人的互助与参与"，激发"人与空间、人与人的积极互动"。

"未来共创"版块——这是一段难以预测却可积极塑造的旅程；其所呈现的不是一个答案，而是一种可能性；它不拒绝被动的旁观者，更欢迎带着一颗好奇心的共创者。

未来已来……

科技将给城市带来更多可能，未来改变城市的科技又将会是什么？

走进这个智慧城市科技感知实验室——身临其境地感知城市，与城市对话；实时观测展区活力分布，Get 最受欢迎的"明星区域"；体验 AR、VR 技术，进入虚拟城市空间畅游；穿越可视化平台，感受城市尽收眼底的交互性体验……实现感知自我，感知城市，感知未来。

智慧城市是基于信息通信技术（ICT），全面感知、分析、整合和处理城市生态系统中的各类信息，实现各系统间的互联互通，以及时对城市运营管理中的各类需求做出智能化响应和决策支持，优化城市资源调度，提升城市运行效率，提高市民生活质量。

北京市城市规划设计研究院、
北京城垣数字科技有限责任公司

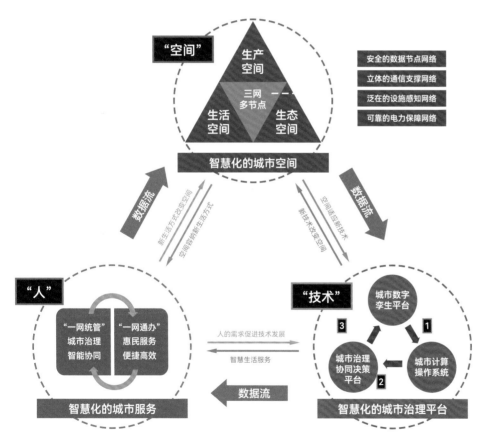

新型智慧城市是实现城市治理现代化的重要途径

4.1.2　智慧城市发展大事记

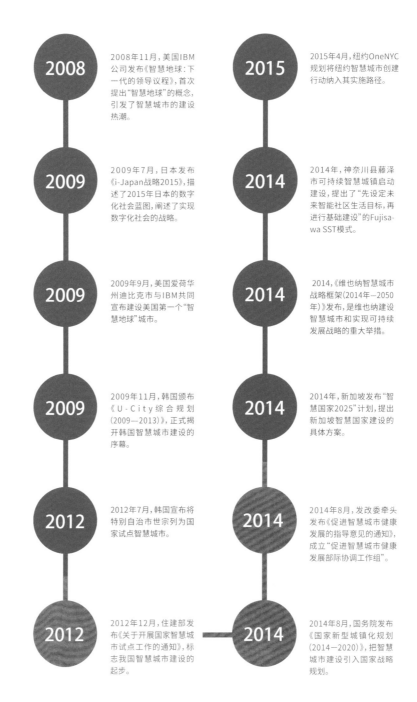

2008　2008年11月，美国IBM公司发布《智慧地球：下一代的领导议程》，首次提出"智慧地球"的概念，引发了智慧城市的建设热潮。

2009　2009年7月，日本发布《i-Japan战略2015》，描述了2015年日本的数字化社会蓝图，阐述了实现数字化社会的战略。

2009　2009年9月，美国爱荷华州迪比克市与IBM共同宣布建设美国第一个"智慧地球"城市。

2009　2009年11月，韩国颁布《U-City综合规划（2009—2013）》，正式揭开韩国智慧城市建设的序幕。

2012　2012年7月，韩国宣布将特别自治市世宗列为国家试点智慧城市。

2012　2012年12月，住建部发布《关于开展国家智慧城市试点工作的通知》，标志我国智慧城市建设的起步。

2015　2015年4月，纽约OneNYC规划将纽约智慧城市创建行动纳入其实施路径。

2014　2014年，神奈川县藤泽市可持续智慧城镇启动建设，提出了"先设定未来智能社区生活目标，再进行基础建设"的Fujisa-wa SST模式。

2014　2014，《维也纳智慧城市战略框架（2014年—2050年）》发布，是维也纳建设智慧城市和实现可持续发展战略的重大举措。

2014　2014年，新加坡发布"智慧国家2025"计划，提出新加坡智慧国家建设的具体方案。

2014　2014年8月，发改委牵头发布《促进智慧城市健康发展的指导意见的通知》，成立"促进智慧城市健康发展部际协调工作组"。

2014　2014年8月，国务院发布《国家新型城镇化规划（2014—2020）》，把智慧城市建设引入国家战略规划。

智慧城市时间轴

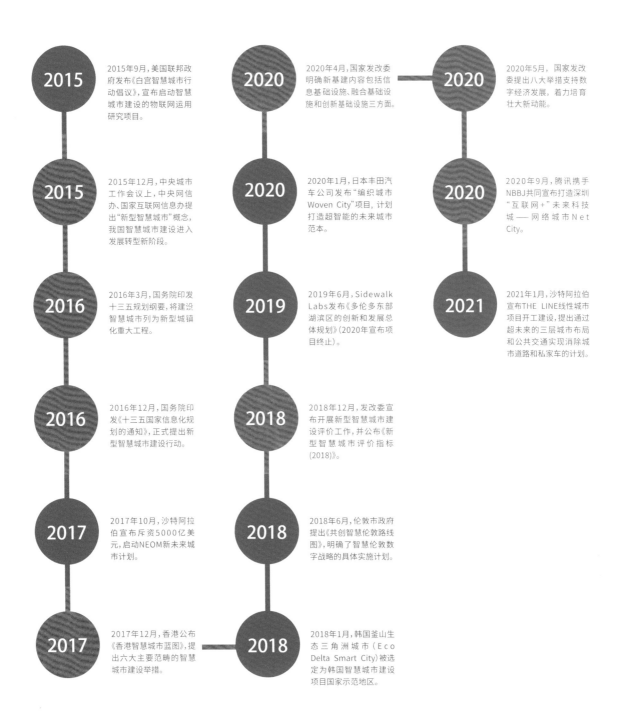

2015 2015年9月,美国联邦政府发布《白宫智慧城市行动倡议》,宣布启动智慧城市建设的物联网运用研究项目。	**2020** 2020年4月,国家发改委明确新基建内容包括信息基础设施、融合基础设施和创新基础设施三方面。	**2020** 2020年5月,国家发改委提出八大举措支持数字经济发展,着力培育壮大新动能。
2015 2015年12月,中央城市工作会议上,中央网信办、国家互联网信息办提出"新型智慧城市"概念,我国智慧城市建设进入发展转型新阶段。	**2020** 2020年1月,日本丰田汽车公司发布"编织城市Woven City"项目,计划打造超智能的未来城市范本。	**2020** 2020年9月,腾讯携手NBBJ共同宣布打造深圳"互联网+"未来科技城——网络城市Net City。
2016 2016年3月,国务院印发十三五规划纲要,将建设智慧城市列为新型城镇化重大工程。	**2019** 2019年6月,Sidewalk Labs发布《多伦多东部湖滨区的创新和发展总体规划》(2020年宣布项目终止)。	**2021** 2021年1月,沙特阿拉伯宣布THE LINE线性城市项目开工建设,提出通过超未来的三层城市布局和公共交通实现消除城市道路和私家车的计划。
2016 2016年12月,国务院印发《十三五国家信息化规划的通知》,正式提出新型智慧城市建设行动。	**2018** 2018年12月,发改委宣布开展新型智慧城市建设评价工作,并公布《新型智慧城市评价指标(2018)》。	
2017 2017年10月,沙特阿拉伯宣布斥资5000亿美元,启动NEOM新未来城市计划。	**2018** 2018年6月,伦敦市政府提出《共创智慧伦敦路线图》,明确了智慧伦敦数字战略的具体实施计划。	
2017 2017年12月,香港公布《香港智慧城市蓝图》,提出六大主要范畴的智慧城市建设举措。	**2018** 2018年1月,韩国釜山生态三角洲城市(Eco Delta Smart City)被选定为韩国智慧城市建设项目国家示范地区。	

智慧城市时间轴

4.1.3 智慧城市感知实验室

规划大数据联合创新实验室是依托北京市城市规划设计研究院，联合百度地图慧眼、联通智慧足迹等科技公司，共同建立的首都规划创新研究平台。实验室于 2021 年 1 月 4 日成立，旨在整合社会大数据资源，利用新一代信息技术能力，持续发力开展首都规划建设治理研究和实践工作。实现汇集数据资源、利用科技能力、建设决策智库的目标，提高对首都规划决策服务的前瞻性、科学性和客观性。

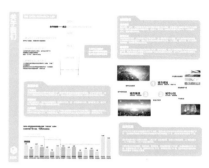

规划大数据联合实验室

微观感知——公共空间人员活动监测

规划大数据联合实验室(BDR)、北京市城市规划设计研究院、北京城垣数字科技有限责任公司

基于深度学习算法，对视频数据进行目标识别，分析小微公共空间中人群的行为活动和驻留情况。

国土空间数据资源白皮书（2020 年度）

宏观感知——联通可视化平台

规划大数据联合实验室(BDR)、中国联通智慧足迹数据科技有限责任公司、北京市城市规划设计研究院、北京城垣数字科技有限责任公司

以北京市主要的 176 个商圈（含 4 个交通枢纽）为例，从全城排名、具体商圈等不同空间维度，以及历史时期和实时数据等时间维度，感知设施的客群特征、利用现状，以及变化趋势，从而服务于设施的利用评价以及利用效率提升等规划策略的制订。

公共空间人员活动监测

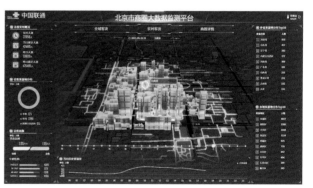

联通可视化平台

为把握新基建机遇，积极推动数字孪生、三维仿真等前沿技术的城市创新应用，加快推动城市全生命周期信息化和城市审批管理全流程数字化，全面提高城市精细化治理水平，北京市城市规划设计研究院与孪数（北京）科技有限公司、北京红山信息科技研究院有限公司共同组建数字孪生城市创新实验室。

以张家湾设计小镇为例，从城市、街区、建筑等不同层级，展示小镇规划、建设、运营、管理全生命周期流程。另外，通过 VR 设备进行沉浸式体验，进入张家湾小镇三维虚拟空间漫游参观。

张家湾数字孪生小镇

数字孪生城市创新实验室（DCI）、孪数（北京）科技有限公司、北京市城市规划设计研究院、北京城垣数字科技有限责任公司

张家湾数字孪生小镇

张家湾小镇 VR 空间

看
世
界

普遍的观察、理解与借鉴，将更好地建立信任、打破隔阂、促进城市间的"共创"。在当下被疫情隔绝的世界，在这个全球化退潮的时代，我们在这里打开一扇门，邀请您一道去看世界，带着更加包容和更加开放的心。

进入这个万花筒——在一幅幅有趣的地图上，了解世界大城市独特的历史；在有趣的数据与案例中，探寻它们解决自身城市问题的智慧，于方寸之间瞬间圆梦……跨越国界与文化、族群与宗教，实现不同场景的交流与合作。

4.2.1　北京市城市规划设计研究院国际规划研究专班简介

"北规院国际规划研究专班"（BICP Intelligence Unit）是北京市城市规划设计研究院负责国际动态搜集、国际对标研究和国际交流的工作团队，于 2019 年 5 月 6 日正式成立。

国际专班从机制创新入手，将常态化的国际研究和相关动态搜集工作作为北规院智库建设的重点，积极服务社会各界对国际规划研究前沿资讯的需求。

4.2.2　首都城市肌理——猜猜看它们是谁？

这是来自世界七大洋的二十个首都城市，它们的年纪或古老或年轻，它们的形态或规整或自由，它们见证了一个国家的历史、书写出人类文化进步的篇章。从大山大河的走向、从纷繁的路网、从城市的大小，您能认出它们吗？欢迎大家解读城市肌理，揭开它们的面纱。

墨西哥城
Mexico City

莫斯科
Moscow

罗马
Rome

伦敦
London

东京
Tokyo

巴黎
Paris

国际专班动态海报

国际专班动态海报

国际专班动态海报

当下我们虽被疫情无奈地隔离，但总是试图通过某种方式，感知同片星空下的不同思索，也许我们应该听听不同的声音，来自经济学人、社会学者，抑或是每一个来观展的你……

这里，我们收集了众多的声音——既有来自各行各业的专业人士，也有不同年龄层的普通人。这些声音既表达困惑也畅谈理想，透过这些有冲突、有矛盾、有反思、有创见的对话，勾勒出你我共创的城市模样。

4.3.1 未来的谱系——关于明日城市的实践与狂想

"未来社区"等城市发展概念影响日隆。城市规划、建筑、互联网等领域皆大肆讨论着"未来"。然而，"未来"本应是一个集体化的、严谨的主题，这也是"未来学"建构的前提。

《城市中国》杂志

《城市中国》将前人对"未来城市"的想象放在具体的时空条件下，发现它们大都是对彼时最棘手之社会现实的回应，也是融合了技术想象的集体期许的一种经典推演。尽管人们对"未来"的讨论散见于建筑、规划、科学技术、艺术、文学、电影等领域，但其范畴有且仅有三个维度——时间、空间、资本，三个关系——人与他人（火灾）、人与技术（洪灾）、人与自然（饥荒）。据此，我们以城市图解的方法，梳理人类对于"未来城市"想象的集体谱系，试图将观众引入一场历史与未来的隐性对话。

未来的谱系之科技驱动（研究／崔国＋宋代伦＋倪瑜遥＋张晶轩；制图设计／林记）

4.3.2　视而不见的城市

"践谈 APT" 青年建筑师社群

"视而不见的城市"城市观察影像展由青年建筑师社群"践谈 APT"发起。在城市更新和共建共创共享的时代背景下，该社群希望通过"视而不见的城市"让"城市中的视而不见"议题得到更多的关注。它不仅仅是一场展览，而是一场 UGC（用户生成内容 User Generated Content）针对公众发起的一次"观察城市，记录城市，共创城市"的突破性尝试。

每个人都是城市的建设者，也是记录者，更是城市生活的观察者。以"观察城市，记录城市，共创城市"为目的的 UGC 作品征集是"视而不见的城市"系列活动中最重要的一部分，通过线下展览和分享会、线上作品征集和作品分享。这一场系列活动将会去往更多城市，带领更多人看见"视而不见的城市"，链接全球城市的更新脉搏。

摄影：徐昕

摄影：邱柯文

摄影：顾铮

摄影：赵思越

《三联生活周刊》

城市，被发现，被看见，被肯定

观察中国的成长，建筑以及城市的发展，是最可感知的对象，时代因为它们而有了自己的模样。手机大众传播时代，建筑与城市空间，越来越成为图像信息的主流品类。滚滚洪流中，我们可否创造出兼具专业性的传播顶流？三联人文城市奖，由此诞生。

组织单位：三联文化传媒

人文、创新、公共、美学

这是城市发展过程中，内生而出的逻辑，也是我们评判人文城市的基本要旨。在传播时代，寻找、发现，并形成城市价值观共识，美好生活将在这个过程中被创造出来。我们相信：人，才是城市的目的与尺度。

建筑与城市正在蓬勃地生长，它们被发现、被看见、被肯定。这个过程中，意义诞生了。

第一届三联城市人文奖获奖项目

成都　西村大院

公共空间奖

上海　社区花园系列更新实验

社区营造奖

常德　老西门棚户区城市更新

城市创新奖

连州　摄影博物馆

建筑设计奖

上海　绿之丘

生态贡献奖

4.3.4 2021城市商业魅力排行榜

第一财经 · 新一线城市研究所

新一线城市研究所，是第一财经旗下的城市数据研究机构。致力于集结城市商业数据和互联网数据，用新鲜视角探究城市未来，为城市管理者、城市开拓者、城市人提供丰富有趣、有价值的数据内容和数据服务。

"新一线"是指那些最有可能在未来成为"一线城市"的城市；也泛指正在发展中的中国二三四五线城市。"新一线"城市概念由《第一财经周刊》（现《第一财经》YiMagazine）在2013年依据商业魅力为中国城市重新分级时首次提出。

第一财经 · 新一线城市研究所已经连续六年发布《2021城市商业魅力排行榜》，通过商业资源集聚度、城市枢纽性、城市人活跃度、生活方式多样性和未来可塑性五大一级维度，透过170个主流消费品牌的商业门店数据、17家各领域头部互联网公司的用户行为数据和数据机构的城市大数据，衡量337座中国地级及以上城市的商业魅力。

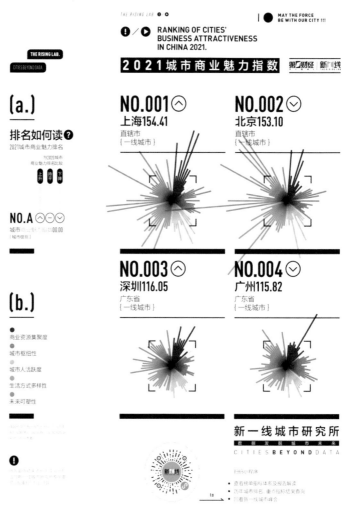

2021 城市商业魅力指数 TOP4

一百年前，铁路成为城市现代化的象征。后来，大城市的象征是电梯——以及它参与造就的摩天大楼。如今，地铁在横向上重构了人们对城市的认识。

上海的地铁计划始于 1963 年浦东塘桥农田中的一系列实验；30 年后的 1993 年，徐家汇到锦江乐园五座最早的地铁站落成。再后来，上海就开始以惊人的速度，从一个千万人口发展成超两千万人口的超大城市。而它的地铁，在第二个 30 年还未到来之前，成为运营里程全球第一，每天客流超过 1000 万人次的 19 条线路和 459 个车站的庞大系统。

这组照片主要拍摄于疫情之后的上海。作为中国最大的公共交通网络，上海的地铁和轻轨纵横交错，线路和站点嵌入网格，成为空间重新分配的基点。新的景观改变了人们的视觉感受，也以某种方式改造了工作和生活的逻辑。 当汽车取代了马车，广播取代了早报，地铁的影响不仅在于以一种高密度城市的生活样式出现，更在于这一深远变化中我们共同走向的未来。

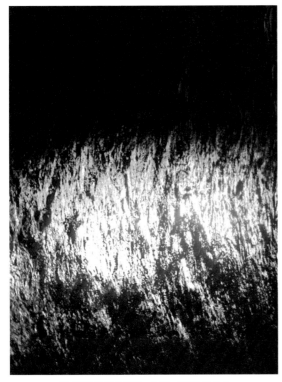

黄浦江上的彩色灯光，外滩，2021 年 7 月
（摄影：澎湃新闻记者 周平浪）

疫情中的摩天大楼，静安寺，2020 年 2 月
（摄影：澎湃新闻记者 周平浪）

对城市未来的想象，或许像城市的定义一样繁多，因为它是不断变化的生命体。在这个充满不确定因素的时代，在几乎没有规律可循的运动变化过程中，城市技术信息最终演化成"人"——这是城市发展中一切行为的真正目的。

进入这个环节的沉浸式体验和互动，您将体会到：不管是过去、现在还是未来，不管是油灯还是电灯，是飞鸽传书还是微信，生活在城市里的总是人——回归到人本身，看到自身，才是城市的全部意义。

城市是人类共同创造的伟大作品，正如这张待绘制的"城市共创地图"。它展示的北京城市五环以内区域及东部城市副中心的范围。观众们将在地图上用不同颜色标签，标识出他们在城市中的生活感知、体悟、愿景及期待。红色标识代表温暖惬意的地方，比如家园、乡愁、回忆等；黄色标识代表具有历史文化气息、体现人文精神与充满活力的地方；绿色标识代表亲近自然、生物多样或者环境优美的地方。同时在留言板中写下他们的推荐理由、美好期许、意见建议等。最终，通过大家的参与众创完成这张"城市共创地图"。它既作为"城市共创"展的宝贵展品之一，更是百姓了解城市、思考城市、描绘城市、共创城市的美好体验。

"城市共创地图"现场观众互动照片

4.4.2　小家伙笔下的大花园

我们相信，孩子的眼睛看得到果核里的宇宙。借助展厅正中央的两根立柱，北京市城市规划设计研究院与波普自然团队共同发起了一场互动填色游戏，题为"小家伙笔下的大花园"。在一方只有孩子才能平视的秘密花园里，我们仅仅用北京本土动植物聚落的空白线稿为底，邀请小朋友和大朋友们尽情涂绘、留下色彩、释放创意。

我们共同见证，雪白的线稿变得缤纷生动，直到画布上打翻了梵高的调色盘，天空中盘绕着高迪的曲线，树叶上生出草间弥生的波点。众人之手绘就不拘的花田，为万千生灵编织葱茏的家园，于细微之处铺陈城市之炫美，这是旋即可感的"生态共治"，生于纯真，呈现百态。

"小家伙笔下的大花园"现场观众互动照片

共创城市的未来由每个参与的人一起定义。走到未来共创的尾声,我们把笔交给参展观众,让他们写下自己对未来城市的想象,成为整个展览的一部分。

"未来城市"现场观众参与照片

未来共创学术召集人语

在整个城市共创展览中，"未来共创"版块的不确定性最高、自由发挥空间最大，给予我们充分思考的机会。一群有情怀、有创意、有理想的规划师因此聚在一起，兴奋地探讨一个问题：未来·共创，未来是什么？共创又是什么？谁是共创未来的主体？

在讨论的过程中，我们的思路越来越清晰：未来需要智慧和科技，未来需要国际视野，未来应该聆听多重声音，未来掌握在每个人手里。

最后我们以四个字定义了"未来共创"的主旨思想和我们所认为的城市的意义——城市即人。我们将整个参观动线设计成一个人人参与的旅程，一个具有各种可能性的探索空间，这个空间欢迎每一颗好奇心和每一位共创者。

第一篇章"看科技"，引领公众感知技术、探索未来。首先，展览引入规划大数据联合创新实验室的感知项目和国土空间数据资源白皮书，从两个角度引导公众体验智慧感知项目。智慧城市感知实验室、规划大数据联合创新实验室是北京市城市规划设计研究院联合百度地图慧眼、联通智慧足迹等科技公司共同建立的首都规划创新研究平台。实验室围绕汇集数据资源、利用科技能力、建设决策智库的目标，持续发力开展首都规划建设治理研究和实践工作。

从微观角度，现代技术算法可以通过对视频数据进行目标识别，监测展览场地内的人员活动，从而辨识出最受欢迎的展位。这项技术可以运用在城市中的小微公共空间人群活动监测，为城市规划前期分析提供有力依据。

在宏观层面，借助联通可视化平台的交互体验，可以了解北京市主要商圈的客群特征、利用现状，以及变化趋势。这一平台可以服务于信息设施的利用评价以及利用效率提升等城市规划策略的制订。

在把握新基建机遇，积极推动数字孪生、三维仿真等前沿技术的城市创新应用，全面提高城市精细化治理水平的背景下，北京市城市规划设计研究院与李数北京科技有限公司、北京红山信息科技研究院有限公司共同组建数字孪生城市创新实验室。在这次展览中，数字孪生城市创新实验室以张家湾设计小镇为例，从城市、街区、建筑等不同层级，展示小镇规划、建设、运营、管理全生命周期流程。

高 雅
北京市城市规划设计研究院规划研究室高级工程师

游 鸿
北京市城市规划设计研究院高级工程师

姚 尧
北京城垣数字科技有限责任公司工程师

梁 弘
北京市城市规划设计研究院规划师

乔诗佩
北规院弘都规划建筑设计研究院有限
公司品牌策划与社区培育中心城市营
销部部长

第二篇章"看世界"，主要展现北京市城市规划设计研究院国际规划研究专班的研究成果，期待在被疫情隔绝的当下，为公众打开一扇通往世界的窗户。成立两年以来，专班持续稳定地产出国际比较研究的动态简报，服务规划智库建设。例如，墙面展现二十座国外首都城市的肌理地图，黑白线条看起来抽象而现代，彰显着不同城市的山水格局、发展脉络与空间特征。观众可以借此推测城市的"身份"，或者根据脑中的印象，寻找自己熟悉的城市，再翻开这些地图，验证心中的答案——巴黎、伦敦、东京、……换一个视角，看到城市的美，从而感知一座城市的熟悉与陌生。

此外，墙上的三个卡片盒，展现国际专班不同洲别的研究团队持续跟踪的各个城市规划动态的，其中有对东京最新版 2040 规划、华盛顿首都规划、伦敦交通规划的专业解读。

"看世界"只是一个小小的窗口，我们期待借此营造包容、共享、交流的概念，让我们的城市与世界联动起来，开阔视野、丰富内心。

第三篇章"看社会"，收集了众多的声音。其中，既有来自不同年龄层的普通人，也有各行各业的专业人士。这些声音既表达困惑也畅谈理想，透过这些有冲突、有矛盾、有反思、有创见的对话，勾勒出你我共创的城市模样。

第四篇章"看未来"，是一个沉浸式的互动装置。在无限光点之中，一面镜子映射出了"自己"——这就是参观展览的每一个人，也是城市共创的每一位主人翁。城市即人，城市是人构建的，也是为人服务的，回归人本，观照自身，才能看到城市的未来。"人人都是规划师""人民城市人民建"，我们期待与每位市民一起构建属于北京的未来。

未来共创
高 雅

未来共创
姚 尧

未来共创
乔诗佩

未来共创板块讲解
视频二维码

结语——学术召集人语

据预测，到 2050 年全球将有 70% 的人口居住在城市。从某种意义上说，这是一个城市的世纪，城市的未来就是社会的未来。

而城市又是什么？单从物理意义上来讲，它是建筑物和基础设施的融合，包括地上和地下的构筑物，如道路、公园和公共空间，等等。

城市作为人类家园的物质载体，随着社会的发展不断演化。不期而至的新冠疫情对城市的影响正在显现，探讨疫情时代的城市治理以及后疫情时代的城市复苏，显得尤为重要。

当下我们讨论城市问题更多的是在说什么呢？我想，应该是如何让我们的城市更健康、更安全的现实考量，共同寻求未来城市人们生活、工作、休憩、交通等的理想解决方案。

未来城市的不仅仅是精神层面具有温度的，更应该是物质层面具有韧性的。

未来的城市营造，不仅仅要融入市民的美好生活，更要支撑起市民的美好生活。

正如本次展览所倡导的 " 城市即人 "，让我们共同创造未来城市的美好人居。

周雪梅
《北京规划建设》副主编

徐勤政
北京市城市规划设计研究院规划研究室主任规划师

总结语　　　总结语　　　未来共创　　结语讲解二维码
周雪梅　　　徐勤政　　　王虹光　　（周雪梅＋徐勤政）

王虹光
北规弘都院品牌社培中心主任助理

5

北京城市建筑
双年展

BEIJING
URBAN AND
ARCHITECTURE
BIENNALE

精彩集锦
PHOTO REPORT

5.1 开幕式

城市建筑双年展 | 未来．家园之城市共创展隆重开幕

9月24日上午，2021北京城市建筑双年展规划分会场——未来·家园之城市共创展在北京规划展览馆隆重开幕。本次展览从"以人民为中心"的核心宗旨出发，传播城市规划价值，设计赋能城市创新；通过艺术、科普的方式展示城乡规划政策标准、试点经验、制度创新等，反映规划与市民生活居住环境的关系，体现规划工作者在北京城市建设与规划方面的思考与探索。

开幕式由本次展览策展人——北规院弘都规划建筑设计研究院有限公司许槟总规划师主持。主办单位北京城市规划学会邱跃理事长、承办单位北京市城市规划设计研究院王引总规划师、参展单位代表中国城市发展规划设计咨询有限公司杨一帆副总经理先后发言，最后指导单位北京市规划和自然资源委员会党组成员，北京市城市规划设计研究院党委书记、院长石晓冬进行了总结致辞并宣布展览开幕。

许槟
北规院弘都规划建筑设计研究院有限公司总规划师

邱跃
北京城市规划学会理事长

王引
北京市城市规划设计研究院总规划师

杨一帆
中国城市发展规划设计咨询有限公司副总经理、首席规划师

石晓冬
北京市规划和自然资源委员会党组成员，北京市城市规划设计研究院党委书记、院长

去年在北京城市副中心成功举办了北京城市建筑双年展的先导展,今年我们将视野从建筑拓展到建筑所在的城市,以"未来·家园之城市共创"为主题,在这里分享北京城市规划的优秀设计项目和典型实践案例。

老子说:"埏埴以为器,当其无,有器之用。"在城市场景中,建筑以为器,空间为用,城市以为名,生活为实。城市的生机与活力来源于你和我,得益于我们每一生命个体的烟火气和生命力。城市,源于我们的共同创造、兴于我们的共同创造,今天的城市规划建设是一项集体共创。

从某种意义上来说,我们今天的相聚也是城市共创的体现。在这相对于城市宏大尺度的小小空间、相对于城市漫长发展的短短瞬间,让我们一起见微知著,思辨谋划!让我们一起胸怀城市,协同共创!这也是本次展览的意义和价值所在。

北京城市建筑双年展是在市规自委指导下,由北京工程勘察设计协会、北京城市规划学会和北京土木建筑学会共同主办的双年展规划分会场。主要表现城市设计。新中国成立以来,特别是改革开放以来,中华大地上兴起了世界瞩目的城市建设活动。"一五"期间全中国有130多个城市,"十四五"期间将近700个城市;"一五"期间城市建成区两千平方公里,现在超过十万平方公里。这是一个巨大的成就,是震惊世界的。所以我们有资本、也有实力举办一个城市建筑的双年展。

我们展览题目是"未来·家园",拆开来说:"未来"就是我们的愿景,就是老百姓的心愿;"家园"一个是"家",一个是"园"。"家"的具象上是建筑,是屋里的家;"园"就是城市,就是居住区、小区、组团,就是我们的空间环境。

此次展览虽小尤精。山不在高,有仙则名;水不在深,有龙则灵。只要我们共创家园,就有名也有灵。

城市发展是一种有意识的共同创建,城市建筑展是一次有组织的公共生活。我们将目光聚焦于城市,不仅仅是物质实体,以及由实体组成的空间,还包括空间中移动的物体,如动物与植物,特别是人类。在城市建设活动中触发更多的观察、探测、解剖、论辩。我们来到这里,既要思索礼乐秩序,又要凝视万家灯火。

本次展览中的"家园共建、生态共治、人文共享、未来共创"四个板块既集中展示了城市的精神气质、城市人的理想追求和规划人的社会责任,也向大家耳语了许多规划设计改变北京生活的小故事。"未来·家园之城市共创展"还是一扇窗,通过这个窗口,我们可以以一种更宏观、更清醒、更深邃的视角,去看历史、看未来,去看城、看人,去理解北京的全球化、都市化、城镇化,并把北京的逻辑、北京的意义传递给全世界。

在这里,每一个参展作品的存在,都反映了都与城、京与畿、城与乡关系的转折、转变、转型,都可以深刻揭示北京的独特性、唯一性。在这里,每一个展厅都是可以引发广泛讨论的公共议事厅(public meeting),都可以用一束光把城市治理的"最后一公里"投射到规划设计的初心使命。

今年是中国共产党成立一百周年,是"十四五"规划开局之年,同时也是开启全面建设社会主义现代化国家新征程的关键之年。中央对北京有特殊的期待和要求。如果说其他城市只需要做好一件事情,即建设好自己的城市;而北京则需要做好三件事情,第一是为全国人民建设好首都,第二是为北京市民建设好自己的北京城市,最终是要建设好首都和北京。在规模双减的约束之下不能系统性进行容积率的增加;在首都风貌的约束之下,建筑高度不能随意增长。在复杂的强约束之下,我们规划同仁唯有撸起袖子探索新模式、创新新场景。

北京城市建筑双年展,从城市、建筑、艺术、技术四个维度组织策划这场饕餮盛宴，这场设计赋能城市创新的展会浓缩了北京城市蓝图描绘者的智慧，庆祝了北京建设者智力，凝聚了大家共创北京美好的愿望，凝聚了社会各界的深情厚谊。

今天的活动既是首届城市建筑双年展的开幕式，也是一个集中反映北京最高水平规划设计成果的展示会。新时期以来，全委、全系统深入学习习近平新时代中国特色社会主义思想，立足两个一百年，从党和国家工作大局出发，聚焦首都发展、落实首都规划、推动首都治理。每一位规划师、建筑师、设计师、从业者都要加强形势分析，观察新现象、剖析新本质、提出新思路。双年展就是服务于"共同创新"需求的绝佳场所，借着这个机会，就如何推动首都规划创新提几点展望。

第一，把党史学习与城市史学习结合起来。进一步深入学习习近平新时代中国特色社会主义思想，进一步深刻领会党的百年历史的重大指导意义，进一步深入理解习总书记视察北京重要讲话的丰富内涵，在改革中共同提高城市研究和设计水平。

第二，把城市规划和城市工作结合起来。进一步学习中央城市工作会议精神，在"规建管"大系统的视野下不断开创首都规划的生动实践。

第三，把为人民服务的根本宗旨和规划业务的发展结合起来。进一步体现人民至上、拓展专业维度，把双年展当成提升规划工作维度的机会，把双年展打造成捆绑智库联盟和人民群众的社会组织平台，把双年展办成透视和展示首都发挥成效的品牌媒介。

第四，把人民城市建设和培养规划人才结合起来。进一步培养一批"讲政治、懂城市、有境界、肯担当"高素质专业队伍，为首都规划建设事业发展提供强大的人才支撑和组织保障。

总之，北京城市建筑双年展是反映首都规划治理大成效的大好事、大平台、大工程。希望大家紧扣"七有""五性"，纵览国情、关注市情、体察民情，聚焦事关群众身边利益的基础民生问题，发挥协调者的智慧、管理者的智慧、执行者的智慧，用更多"贴身入心"的规划设计，不断增添老百姓的获得感、幸福感。

四十余位特邀嘉宾、参展单位代表、主办及承办单位代表，参加了开幕式活动并一同参观了展览。

本次展览围绕"城市共创"主题，以城市共建、共治、共享为理念，设置"家园共建""生态共治""人文共享""未来共创"四个内容版块，集中展示一百余项特色项目，同时在展览期间观众还可以参与十余项特色主题活动，从不同视角了解城市规划的艺术与价值。

5.2 展期公共活动

（1）智慧城市与数字孪生

"智慧城市与数字孪生"系列沙龙活动由北京市城市规划设计研究院规划信息中心和北京城垣数字科技有限责任公司共同主办，主要由两场沙龙构成，即"未来城市空间：新兴技术应用下的场景营造"和"北京智慧城市规划研究与建设"。活动邀请了来自政府、高校和互联网头部企业的多位业内大咖，共同分享新兴技术在未来智慧城市的空间规划中的研究成果与应用实践，与参与者一同探讨和憧憬未来城市的智慧愿景。

主题一：未来城市空间——新兴技术应用及数据生态建设

主办单位：北京市城市设计规划研究院规划信息中心、北京城垣数字科技有限责任公司

承办单位：腾讯公司、北京城市实验室 BCL

主题二：北京智慧城市规划研究与建设

主办单位：北京市城市设计规划研究院规划信息中心、北京城垣数字科技有限责任公司

（2）教育 + 文保 + 艺术 =N

主办单位：人仁舍予

在"教育 + 文保 + 艺术 =N"的论坛上，占德杰用故宫与学科挂钩阐述了素质教育的科学性与艺术性；贾璐就皮影新的传承形式与创新谈了自己的见解；纪红讲述了民间组织担起教育、艺术、文保为一体重任的收获与反思。

"人仁舍予" 是一个自发性的民间公益组织，致力于把文保、艺术、教育融为一体，用艺术培养兴趣，从不同兴趣点鼓励大家结合当下自觉学习、收集、推广、普及文保知识，培养孩子们自主学习的习惯和能力。

全体嘉宾和观众共同达成了教育 + 艺术 + 文保 =N 的共识，同时达成了深度创新合作的意向。

北京教育科学研究员占德杰，阐述了故宫与学科挂钩的研究

北京皮影剧团的副团长贾璐就皮影艺术的传承形式与创新谈了自己的想法

主办方主持人人仁舍予李旋向嘉宾提出了各种灵魂拷问

人仁舍予的创始人纪红讲述了探索教育、艺术、文保融为一体过程中的收获与反思

（3）轮椅上的乡愁——胡同漫游计划

主办单位：北京林业大学园林学院乡愁北京实践团

北京林业大学"乡愁北京"团队对2018年以来"轮椅上的乡愁"系列主题活动进行展示汇报，并于现场发起"胡同漫游计划"。来自城市象限公司、三正社工事务所与北京林业大学园林学院的嘉宾均发言进行互动交流。

（4）"守正创新"
——老城更新中的导向标识系统学术交流论坛

主办单位： 北京宣房大德置业投资有限公司
协办单位： 北京交通大学

作为历史文化街区导向标识与城市家具细分领域的专业论坛，2021 年 9 月 29 日，由北京宣房大德置业投资有限公司主办，北京交通大学协办的"守正创新"——老城更新中的导向标识系统学术交流论坛在北京规划展览馆成功举办。

此次论坛以成果交流研讨为主要形式，邀请在导向标识系统、城市家具领域有所建树的高校专家学者及业内设计总监，围绕"老城更新中的导向标识系统设计""城市家具与历史文化保护活化""老城中的智慧导引赋能"等议题，向与会者分享近年来学术研究和业内工程领域的最新成果。

宣房大德公司在法源寺历史文化街区更新改造进程中，始终坚持深耕历史并不断激发创意，让历史文化街区厚重文化积淀与街区新生活碰撞、交集，掘老城文化凝聚创造之源，绽放文化创意的时代繁花，积极营造老城更新的活力场所。从赓续城市文脉、营造老城更新意向，激活文化创意，迸发老城活力，感受历史街区魅力中不断探索。在传统中孕育现代、不断锐意进取、迭代创新。

论坛海报

【讲座题目】
通用设计视野下的环境图形设计

【讲座题目】
导向标识系统设计要素浅析

论坛主持人杨娜

赵 伟
天津大学英才副教授，环境设计系副系主任

阚玉德
北京建筑大学讲师

【讲座题目】浅谈旧城改造中导向标识产品的深化设计与工艺设计　【讲座题目】商业项目中的导视设计　【讲座题目】文化转译视域下的导向标识系统设计实践

葛长淮
导向标示系统设计资深专家

林川淼
北京正邦创意导视设计总监

张野
北京交通大学副教授，建筑与艺术学院副院长

圆桌会议

宣房大德总经理吴奇兵致辞

论坛合影

（5）基于"历史地理信息系统（HGIS）"的20世纪初北京空间要素和格局研究

主办单位：北京林业大学城迹北京2021团队

本项目以民国北平市域实测历史地图为研究对象，以历史地理信息系统（HGIS）为研究技术方法，目标是发现并展示民国北平市域道路、河流、城市、村落、寺庙等空间信息，及其分布规律构成的空间格局特征。

（6）帝陵，形势，空间，规划——图解明十三陵山水空间

主办单位：北京林业大学明十三陵研究小组

研究团队向大家分享了明十三陵营建中所蕴含的空间规划智慧。现场听众表现出极高的接受程度并积极互动，提出许多有意义的问题，如政府、规划设计师及大众对于遗产保护能做什么、古人空间规划智慧在现代的应用价值等。

（7）艺亿家古风 DIY 体验

主办单位：艺亿家（北京）科技文化有限公司

——艺亿家京秋压花手作亲子活动

艺亿家携手四名汇智小伙伴壹贰设计，为本次双年展推出一款特制的手作活动，手作里的元素选自北京秋天的代表物之一银杏和北京著名景点建筑风格，艺亿家老师通过讲解让小朋友在手作中了解北京和北京城市建筑特点，并在老师的指导下完成了一件京秋压花钥匙扣。

——艺亿家双年展探馆互动活动

艺亿家组织 10 个家庭来到北京市城市规划馆了解北京城市建筑双年展，并带领小朋友来到北京城市共创地图版块，体验共创地图，让每个小朋友选择自己喜欢主题颜色在地图上标注出来。果不其然，有的小朋友喜欢故宫，把红色主题帖贴到了故宫上；有的小朋友"不吝赐墨"写下了自己的寄语。家长在小朋友的互动中结束了下午的参观学习。

（8）"当下，我们如何记录北京"——8090 拍记队分享会

主办单位：8090 拍记队

8090 拍记队和大家敞开心扉聊一聊当下的北京城，我们还能记录点什么、用什么样的方式记录、有哪些不同寻常的角度呢？分享会上拍记队的小伙伴，和两名资深历史影像研究者，与大家一同分享和探讨了如何更好地记录北京，从不同维度、不同视角、不同身份分享了他们的所见所闻和所想。

（9）设计改变生活

主办单位：四熹文传

美好的城市生活需要我们共同创建，城市的每个建筑，每个设施都体现了这座城市及居民对待生活的态度。疫情的到来，影响了我们的生活，疫情下的公共卫生系统面临着哪些问题？如何从设计的角度看待与解决城市问题的关系？这些都值得我们去思考。四熹文传团队特邀请苏伟韬嘉宾，与大家一起分享他的公园洗手间水龙头设计理念。

（10）河流与摩天楼：城市膨胀故事

主办单位：澎湃新闻

一百年前，铁路成为城市现代化的象征，后来是电梯和摩天大楼；如今，地铁在横向上重构了人们对城市的认识。

这组照片主要拍摄于疫情之后的上海。楼宇间灯火跳动，夜雾中水流不止，那些日常生活的微妙规则、更深层的集体意识，正一同在这座城市营造出高耸入云的纪念碑。

下班时刻走出地铁终点站的上班族，13 号线张江路站，2019 年 10 月

一副关于未来的城市更新效果图，动迁中的北外滩，2020 年 6 月

施工中的地铁 18 号线平凉路站，上海杨浦区，2020 年 10 月

（11）城市共创中心活动

北京城市规划学会二级分支机构"城市共创中心"成立仪式圆满召开。活动邀请到城市规划、社会治理、建筑设计、文化艺术、商业金融等跨界领域的专家与一线实践者出席。其中，北京市城市规划设计研究院院长石晓冬、中央美术学院副院长吕品晶、北京城市规划学会理事长邱跃、北规院弘都规划建筑设计研究院有限公司总经理陈子毅、北京建筑大学建筑与城市规划学院院长张杰、中国文物学会会长单霁翔、北京工业大学学术委员会委员戴俭上台为城市共创中心揭牌（嘉宾按姓氏笔画排序）。随后，城市共创中心组织专家代表们开展中心首次专家代表圆桌研讨会，专家们围绕城市共创的内涵与外延、现状与趋势、实践与方法、问题与挑战发表观点，共同勾勒城市共创的美好愿景。

城市共创中心致力于搭建社会多方共建共治的公共参与平台，希望突破传统规划业务范畴，联结规划、建筑、艺术、服务、文化等跨界资源，联动政府、社会、公众等多方力量，推动城市公共空间、公共艺术、公共服务、公共文化等领域的社会创新实践，助力城市高质量发展和治理现代化。

城市共创中心成立仪式合影

城市共创中心正式揭牌

城市共创中心专家代表首次圆桌研讨会

沙龙一"城市区域活力激发"

活动时间：2021 年 10 月 8 日 13：30–15：30

活动介绍：本场沙龙邀请来自北京日报、新隆福文化投资公司、AECOM、共享际的研究者和实践者，围绕"北京商业领域城市更新政策解读、商圈更新与城市治理、城市更新探索与文化社群运营"进行了主题分享。分享过后，来自媒体、商业地产、城市规划、景观设计、空间运营、数字科技等多元领域的十余位中心专家成员们围绕文化、商业、区域活力、城市运营、数字化等关键词开展了集中讨论。

沙龙一"城市区域活力激发"活动现场

耿诺　北京日报经济部副主任（副高级记者）

王越　北京新隆福文化投资有限公司副总经理

贾晓萌　共享际联合创始人、执行 CEO

钱睿　AECOM 资深城市战略咨询经理

沙龙二"城市公共文化空间场所营造"

活动时间：2021 年 10 月 8 日 13：30–15：30

活动介绍：本场沙龙邀请了来自美后肆时、学院路石油共生大院、什刹海城市探索中心和史家胡同博物馆的运营团队，从实践者的角度对公共文化空间的社会化运营进行了主题分享。之后的沙龙讨论环节中，艺术、文化、文创文旅、建筑及创意内容设计、空间运营等领域的十余位中心专家成员们围绕公共文化空间的功能、作用、运营模式等方向的问题进行了交流与讨论，为城市公共文化空间的高品质运营与发展建言献策。

卢秋平　优和时光（北京）文化中心有限公司总经理、"美后肆时"负责人

李春红　北京和合社会工作发展中主任

沙龙二"城市公共文化空间场所营造"活动现场

宋壮壮　帝都绘联合创始人

潘禾玮奕　城市共创中心秘书、北规弘都院品牌策划与社区培育中心 / 史家胡同博物馆

沙龙三"城市小微公共空间更新推动社会治理"

活动时间：2021 年 10 月 8 日 15 ：40–17 ：40

活动介绍：本场沙龙邀请政府、咨询专家、实施主体与责任规划师代表，分享北京小微公共空间更新的城市政策、基层协作、街区探索、居民共建理论与案例，探讨以空间更新带动基层治理格局建设的创新机制与实践路径、问题思考。随后，来自高校、社会组织、公益基金等领域的城市规划、建筑设计、社会治理专家与政府代表畅谈观点，共议小微公共空间更新的后续开展。

沙龙三"城市小微公共空间更新推动社会治理"活动现场

陈相相　北京城市公共空间提升研究促进中心秘书长

郑　璐　北京市规划和自然资源委员会朝阳分局规划编制与城市设计科

北京宣房大德置业投资有限公司　总经理

惠晓曦　城市共创中心副主任、北京工业大学建筑与城市规划学院

张志勇　北京市东城区文学艺术界联合会主席

沙龙四 "包容性城市设计"

活动时间：2021 年 10 月 8 日 15：40–17：40

活动介绍：本场沙龙邀请市规划院、造点共益设计、世界资源研究所、中央美院的研究者、实践者，就全龄包容性、文化包容性、生态包容性和包容性景观设计等话题进行了主题分享。分享过后，来自规划、设计、交通、文学、心理学、教育、可持续发展等领域的中心专家成员们围绕公平公正、以人为本、可持续发展等关键词开展了圆桌讨论。

城市共创中心沙龙四 "包容性城市设计" 活动现场

邱 红 北京市城市规划设计研究院高级工程师

程致远 造点共益设计咨询合伙人

鹿 璐 世界资源研究所（美国）北京代表处中国可持续城市部门副研究员

侯晓蕾 城市共创中心副主任、中央美术学院建筑学院教授

5.3　线上观展及展期花絮

1. 展览策划

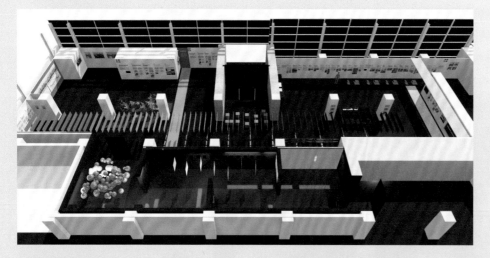

2. 筹备过程

1. 展板审阅（摄影：王虹光）

2. 展览验收（摄影：周　乐）

3. 展览验收（摄影：周　乐）

3. 线上观展视频拍摄（摄影：周　乐）

4. 布展过程（摄影：张宗涛）

城市共创线上
观展二维码

5　精彩集锦

3. 展览现场

（1）展厅入口

（摄影：乔诗佩）

（摄影：王虹光）

（摄影：范双超）

（摄影：范双超）

（2）家园共建

我们的城市1（摄影：周　乐）　　　　　　　　我们的城市2（摄影：袁　媛）

（摄影：周　乐）

（摄影：北京市规划展览馆）

（摄影：北京市规划展览馆）

（摄影：李右武）

（摄影：范双超）

（3）生态共治

（摄影：李右武）

（摄影：杨 春）

（摄影：乔诗佩）

（摄影：乔诗佩）

（摄影：乔诗佩）

（摄影：周 乐）

（4）人文共享

（摄影：北京市规划展览馆）

（摄影：李右武）

城市色彩装置（摄影：袁　媛）

（摄影：袁　媛）

（5）未来家园

（摄影：王海宁）

（摄影：范双超）

（摄影：范双超）

（摄影：范双超）

（摄影：范双超）

（摄影：北京市规划展览馆）

（摄影：李右武）

镜面装置 1（摄影：周　乐）

镜面装置 2（摄影：袁　媛）

城市共创
CITY CO-CREATION

（6）城市共创地图

（摄影：周 乐）

（摄影：王海宁）

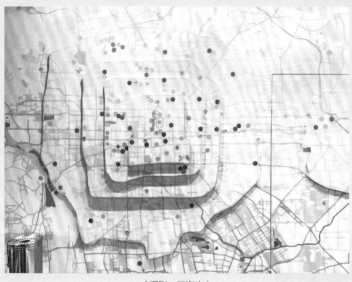

（摄影：王海宁）

（摄影：王海宁）

（7）小家伙笔下的大花园

小家伙笔下的大花园1（摄影：王虹光）

小家伙笔下的大花园2（摄影：杨　春）

观众为"小家伙笔下的大花园"填色1（摄影：杨　春）

观众为"小家伙笔下的大花园"填色2（摄影：范双超）

（8）您心目中的未来城市

城市共创
CITY CO-CREATION

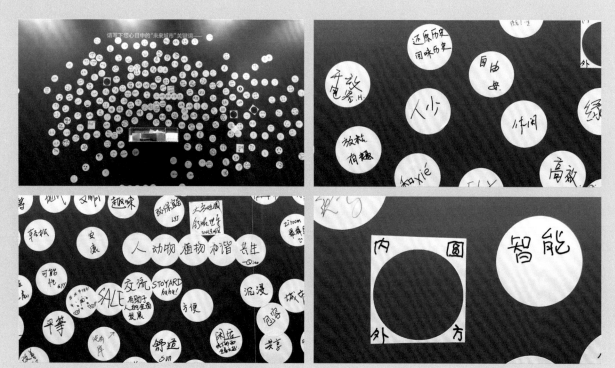

"未来共创"观众互动 1（摄影：乔诗佩）

"未来共创"观众互动 2（摄影：王海宁）

5.3 现在就是未来——写在首届双年展之初

在全球化、信息化、智能化迅速发展的时代背景下，互联网建构的未来生活方式事实上改变了我们过去的日常习惯。2020年突如其来的新冠疫情对全世界的经济、文化、社会交往都会带来一些根本性的变化，需要我们探讨疫情时代的城市治理、疫情后的城市复苏。如何维护我们家园现有的成果，并在现有基础上让人类生存环境更加绿色、更加健康、更加可持续是新时代的重要课题。

在这个变革的时代，科技作为人类文明演进的推手，成为建筑和城市创新发展的新动能。以信息流和大数据为基础的新科技，催化着建筑和城市不断发生变化。城市规划、建筑行业正与智能化科技代表的新生产力逐步融合，将智能化技术运用于城市设计全生命周期中，加快人居环境建设的步伐。

北京"十四五"规划提出：深入落实城市总体规划，加快建设宜居、创新、智慧、绿色健康、韧性城市。立足于北京，立足于当下，如何构建全球领先的智慧城市新体系，加快建设全球数字经济标杆城市；如何优化提升城市功能，实现可持续发展，培育建设国际消费中心城市；如何运用科技手段，建设美丽和谐的未来家园，打造国际科技创新中心，是我们共同面对的话题。与此同时，绿色生态备受全球关注，在这一背景下世界各国以全球协约的方式减排温室气体，我国提出如期实现碳达峰、碳中和目标。作为城市的设计师，我们需要充分发挥建筑师负责制、责任规划师等制度的优势，共同探讨人与自然之间的关系，一起构建美好人居环境。

北京城市建筑双年展作为北京国际设计周产业合作单元板块，由北京市建筑设计研究院有限公司、北京歌华文化发展集团有限公司、北京市城市规划设计研究院联合承办。我们邀请北京地区最具代表性的智能化设计、绿色低碳的建筑工程共同组成"未来家园"主题展览，通过展示每一个工程最有科技含量的建筑设计与实践，诠释我们对新时代智能化、绿色生态的人居环境的追求。

与此同时，2021年北京城市建筑双年展（以下简称：双年展）同期举办若干专题展览，邀请了中国城市规划设计研究院、中国建筑设计研究院有限公司、中国建筑科学研究院有限公司、北京市城市规划设计研究院、北京市建筑设计研究院有限公司、清华大学建筑学院、KPF建筑事务所、Foster+Partners建筑事务所等国内国际知名设计机构参与展览与论坛。

邵韦平

北京市建筑设计研究院有限公司副总经理、首席总建筑师，全国工程勘察设计大师

参编单位（排名不分先后）：

中国城市规划设计研究院

中国中建设计集团有限公司

中国城市发展规划设计咨询有限公司

北京清华同衡规划设计研究院有限公司

北京市建筑设计研究院有限公司

北京市住宅建筑设计研究院有限公司

北京城建设计发展集团股份有限公司

北京北工大规划设计院有限公司

北京汉通建筑规划设计有限公司

北京城市公共空间提升研究促进中心

北京首都开发控股（集团）有限公司

愿景明德（北京）控股集团有限公司

北京宣房大德置业投资有限公司

北京华辰联众科技有限公司

AECOM

清华大学 建筑学院

清华大学 无障碍研究院

清华美院 生态设计研究所

北京大学 城市与环境学院

中央美术学院 建筑学院十七工作室

中央美术学院 设计学院

北京工业大学 建筑与城市规划学院

北京林业大学 园林学院乡愁北京实践团

联合国教科文组织国际创意与可持续发展中心

三联人文城市奖

"四名汇智"计划

众志城市营造促进中心

史家胡同博物馆

北京社区研究中心

地瓜社区

规划大数据联合创新实验室 BDR

北京城市实验室 BCL

波普自然 POPGREEN

视而不见的城市

声音总站

O3 Design Studio

北京日报

第一财经·新一线城市研究所

澎湃新闻

看理想

《城市中国》杂志

北京空间悦动科技

青年志 Youthology

RQ 商业观察室

elvita 威的生活便签

致谢

衷心感谢北京市规划和自然资源委员会、北京城市规划学会、北京城市建筑双年展组织委员会及其他相关政府组织、行业团体及社会组织为本书提供的大力支持与协助。

●宣传窗口

 北京城市规划学会：由北京地区城市规划设计和管理工作者以及相关从业人员自愿联合发起成立，经北京市社会团体登记管理机关核准登记的非营利性社会团体。

 北京市城市规划设计研究院：是北京市规划和自然资源委员会所属的公益二类事业单位，主要承担首都规划和本市各级国土空间规划的编制、研究、评估和维护工作等八个方面的重要职能。

 北规院弘都规划建筑设计研究院有限公司：北京市城市规划设计研究院下属国有企业，首都规划和自然资源事业的重要组成部分。始终秉持"弘愿筑广厦，都市绘丹青"的情怀，积极参与城市规划建设实践，搭建以实现客户价值为导向的综合服务平台。

 城市共创中心：北京城市规划学会二级分支机构，社会多方共建共治的公共参与平台，致力于突破传统规划业务范畴，联结规划、建筑、艺术、服务、文化等跨界资源，联动政府、社会、公众等多方力量，推动城市公共空间、公共艺术、公共服务、公共文化等领域的社会创新实践，助力城市高质量发展和治理现代化。

后 记

两个月筹备、五十家单位、上百个项目、十五天展期、十余场活动、近千人次线下参观、数百条观众留言、十余家媒体采访报道、两万人次线上浏览量……第一届城市建筑双年展——2021年北京国际设计周"城市共创"主题展，在我们的共同努力下，终于画上圆满的句号。

展览完满收官之后不久，本书随之孕育成熟并如愿面世。书中不仅呈现了规划人严谨而系统的专业禀赋，更展示了公众富有情感及创见的城市憧憬。作为北京首届城市建筑双年展"城市共创"展的总结与回顾，本书以"共创"的视角看待规划研究与试点实践，以"共创"的理念吸纳来自公众的意见与愿景，意欲促进城市规划与公众的互动和沟通，成为公众参与的又一次深度探索。

本书编辑出版得到了北京市规划和自然资源委员会等政府机构、行业团体和社会组织的鼎力支持。感谢北京城市规划学会的学术指导，感谢北京市城市规划设计研究院、弘都规划设计研究院有限公司、北京规划展览馆的倾力合作，感谢二十一人策展团队和十六人学术团队的精心策划，感谢超过五十家规划单位、公益组织、科创与媒体机构的热情付出。

希望本书开启的"城市共创"话题，源远流长，恒久永续。

图书在版编目（CIP）数据

城市共创 = City Co-creation / 北京城市建筑双年
展"未来·家园之城市共创"组委会编 .—北京：中国
建筑工业出版社，2022.1
ISBN 978-7-112-26894-8

Ⅰ.①城…　Ⅱ.①北…　Ⅲ.①城市规划—建筑设计—
案例—北京　Ⅳ.① TU984.21

中国版本图书馆 CIP 数据核字（2021）第 243804 号

责任编辑：毋婷娴
书籍设计：付金红　李永晶
责任校对：王　烨

城市共创
CITY CO-CREATION
北京城市建筑双年展"未来·家园之城市共创"组委会　编
*
中国建筑工业出版社出版、发行（北京海淀三里河路 9 号）
各地新华书店、建筑书店经销
北京雅盈中佳图文设计公司制版
天津图文方嘉印刷有限公司印刷
*
开本：889 毫米 ×1194 毫米　1/16　印张：15　插页：7　字数：334 千字
2022 年 3 月第一版　2022 年 3 月第一次印刷
定价：**198.00** 元
ISBN 978-7-112-26894-8
　　　（38712）